“十三五”国家重点出版物出版规划项目

风能技术与应用丛书　丛书主编　姚兴佳

风力发电场安全运行工程技术

马铁强　段振云　孙传宗　梁立哲　李　科　著

科学出版社

北　京

内 容 简 介

本书针对国内风电场运行和维护相关工作，以满足工程技术人员学习正确操作电力设备、合理维护基础设施、安全使用防护装备、确保人员和设备安全等需求为目标，将风电基础理论与风电场工程实践有机结合，形成以工程实用技术为突出特点的编写风格。本书归纳和整理国内外风电场安全操作的实践经验，涵盖风电场安全运行的软硬件条件及人员组织架构、风电场危险因素及其识别、风电场安全运行保障制度、风力发电设备安全操作和风电场定期运行检查、风电场常见故障与处理、风电场事故预防与应急处理等核心内容。

本书可供风电场运行和维护人员、高等院校新能源科学与工程相关专业本科生和研究生参考。

图书在版编目（CIP）数据

风力发电场安全运行工程技术 / 马铁强等著. —北京：科学出版社，2021.1

（风能技术与应用丛书 / 姚兴佳主编）

“十三五”国家重点出版物出版规划项目

ISBN 978-7-03-067935-2

Ⅰ. ①风… Ⅱ. ①马… Ⅲ. ①风力发电－安全技术 Ⅳ. ①TM614

中国版本图书馆 CIP 数据核字（2021）第 010022 号

责任编辑：任彦斌 霍明亮 张 震 / 责任校对：樊雅琼
责任印制：师艳茹 / 封面设计：无极书装

科学出版社 出版
北京东黄城根北街 16 号
邮政编码：100717
http://www.sciencep.com

保定市中画美凯印刷有限公司 印刷
科学出版社发行 各地新华书店经销

*

2021 年 1 月第 一 版 开本：720 × 1000 1/16
2021 年 1 月第一次印刷 印张：11 3/4
字数：237 000

定价：99.00 元

（如有印装质量问题，我社负责调换）

“风能技术与应用丛书”编委会

主　编：姚兴佳

副主编：刘颖明　马铁强　单光坤　王晓东

夏加宽　李建林　杜　涛　杨东升

编　委：段振云　井艳军　李　科　李丽霞

梁立哲　刘　姝　刘鑫蕊　卢奭瑄

孙传宗　隋红霞　宋筱文　邵一川

王　超　王益全　王英博　谢洪放

张纯明　赵　骞

丛 书 前 言

2016年初，中国可再生能源学会副理事长、中国可再生能源学会风能专业委员会主任姚兴佳与副编审任彦斌共同策划“风能技术与应用丛书”，申报并成功入选“十三五”国家重点出版物出版规划项目（立项文号：新广出发【2016】33号）。经过写作团队三年多不懈的努力，“风能技术与应用丛书”终于和风电业界同仁及广大读者朋友见面了。这套丛书的出版发行，实现了沈阳工业大学风能技术研究所及其合作伙伴多年的夙愿，犹如在他们辛勤耕耘的风能领域绽放了一束绚丽的科技之花。

这套丛书主要是基于国家科技攻关计划、863 计划、国家科技支撑计划项目等科研成果，由姚兴佳教授主持撰写而成的。早在20世纪80年代，由姚兴佳教授创建并带领的研发团队就在黄海之滨建立了辽宁省大鹿岛风力发电试验场，开展了分布式风力发电系统设计和应用的研究，其中15kW微机控制变桨距风电机组获得辽宁省科学技术进步奖二等奖；进入90年代，开始转向并网型风电机组关键技术开发及小规模推广应用的研究，和辽宁省电力公司联合完成的“辽宁东港风电场开发与建设”项目获得辽宁省科学技术进步奖一等奖；2001年以来，先后完成863计划“兆瓦级变速恒频风电机组”“兆瓦级变速恒频风电机组Ⅱ型设计与制造”“兆瓦级变速恒频风电机组-测试系统与现场试验研究”“兆瓦级物理储能关键技术研究”“风电机组设计技术及工具软件开发”和国家科技支撑计划“适应海陆环境的双馈式变速恒频风电机组研制”等国家级重点项目，初步建立了具有完全自主知识产权的风力发电理论基础和技术体系，取得多项创新特征突出的标志性成果，其中，“兆瓦级变速恒频风电机组”项目获得国家科学技术进步奖二等奖，“大功率风电机组研制与示范”项目获得中国机械工业科学技术进步奖特等奖，“环境适应型系列风电机组”等2项成果获得辽宁省科学技术进步奖一等奖。在多年科技开发实践的基础上，姚兴佳研发团队获批“兆瓦级变速恒频风电机组”等发明专利12项、“HR风电机组设计软件”等软件著作权7项，主持编写《风力发电机组变桨距系统》（GB/T 32077—2015）等国家标准4部，发表学术论文200余篇，著有《风力发电机组理论与设计》等专业著作6部；构建了“风力发电重点实验室”“风力发电工程技术研究中心”和“风力发电培训基地”三大基础平台，为实现我国风电技术从引进到创新、从千瓦级到兆瓦级、从陆上到海上的跨越式发展做出了贡献。到目前为止，由团队设计的1.0～5.0MW等多种型号的系列风电机组，在国内外 60 余座风电场得到大面积推广应用，团队所在研究所被科技部命名为“国家技术转移示范机构”，取得了显著的经济效益与社会效益。同时，团队也为新能源行业输送、培养了大批风电科技人才。这套丛书可以说是作者及其研发团队在风电理论研究和技术开发领域全面总结的结晶，希望能为我国风力发电健康、科学的发展提供借鉴。

丛书共 7 册:《风电场工程》《大型风力发电机组原理、设计与测试》《分布式风力发电系统原理与设计》《海上风力发电技术》《大功率风力发电机组控制技术》《风电场电气技术及应用》《风力发电场安全运行工程技术》。丛书系统地介绍风能基本理论、风力发电技术、典型工程应用案例；大型风电机组设计及运行控制技术；中小型风电机组原理、设计与测试；风电机组检测、认证和运行监测；海、陆风电场的设计与建设；储能原理及其在风电调控方面的应用；风电场安全运行工程技术等。为了形成独立、完整、统一的知识体系，丛书并未按学科和专业进行分块化描述，而是面向典型工程问题或工程环节，主线分明地抓住各个典型工程之间的内在联系，综合运用多学科交叉知识，将理论分析、仿真分析、实验验证、工程实例融汇到每个细节，系统地给出相关问题的理论依据、研究方法和解决方案，力争做到理论与实际的高度融合。丛书立足于推动风电的科技进步，在相关内容中采用了风能领域的最新科研成果，其中不乏一些新理论、新方法、新技术的介绍和应用案例。丛书旨在为读者提供掌握风力发电技术整体构架的知识平台，希望能对广大读者全面了解风能行业及相关技术有所帮助。

丛书的撰写得到沈阳工业大学及相关合作单位专家学者和科研人员的大力支持，丛书还借鉴了国内外许多学者有关风能开发应用的论著，在此对他们一并表示感谢!

丛书撰写过程时间跨度大、参与人员多，加之题材广泛、学科背景交叉繁杂，疏漏之处在所难免，恳请广大读者批评指正。

“风能技术与应用丛书”编委会

2018 年 6 月

前　言

统计资料显示，到2018年底，我国风电累计装机容量达到209.53GW，占全球风电累计装机容量的35.43%；风电新增装机容量达到21.14GW，占同期全球风电新增装机容量的41.21%；全球风能产业累计有超过120万个就业岗位，我国风电产业大约提供其中44%的就业岗位。过去近20年间，我国风电产业正以年均超20%的增速，快速成长为具有相当规模和产值的大型产业集群。

随着风电产业的快速扩张，两方面问题逐步凸显：其一是安全生产责任事故随着风电产业总量增加而不断增多，其中绝大多数责任事故发生在风力发电场（简称风电场）的建设、运行、检修和维护等环节；其二是人才队伍严重流失与更迭过快，集中反映为风电场运行和维护岗位人才流动过快、流失过多。两方面问题都与风电场直接相关，表明风电场是风电产业链条中的薄弱环节，尤其是风电场安全生产问题更是重中之重。安全生产既关乎风电场的经济效益，也关乎风电场在岗员工的切身安全和家庭幸福。

本书紧紧围绕现实条件下的风电场安全问题，提取和归纳国内多家风电场处置现场安全问题所采取的制度、流程、措施和方法，详细阐述风电场安全生产和运行的各项工程保障技术，包括风电场的软硬件设施、组织架构、安全生产管理制度、设备操作流程和方法、潜在危险因素、典型故障、运行检修以及应急处理等方面内容。本书的主要特点是侧重工程应用技术，视角独特、内容系统、案例丰富，书中观点和方法具有一定的实际指导意义和可操作性。

本书以风电场安全运行作为核心问题，按照从提出问题到解决问题的逻辑思路，逐步推进、展开。全书共8章：第1章介绍风力发电技术的原理及技术发展趋势；第2章阐述风电场得以安全高效运行的基础条件，包括风电场的软硬件设施及组织管理架构；第3章介绍可能影响风电场安全运行的各种危险因素、危害及其可能发生的部位；第4章描述为保证风电场安全运行必须制定和遵循的制度；第5章阐述确保风电场设备安全及其运行安全的正确运行操作方法；第6章介绍保证风电场长期安全稳定运行所需开展的定期检查内容；第7章介绍影响风电场安全的变电站典型故障及出现故障后的处理方法和流程；第8章介绍风电场事故预防及出现异常情况下确保人员和设备安全的应急响应流程及方法。

本书历经了两年时间撰写成稿，最终得以出版和发行，是以作者多年的风电行业从业经验、科研和教学经历为坚实基础，并与广泛的调研、细致的工作和良好的团队协作密不可分。作者长期工作于风电行业，承担过多项风电领域重大项目的课题研究任务，与整机制造企业、风电场及风电运行与维护企业保持着长期良好的交流与合作关系，掌握和积累了大量有关风电场运行与维护方面的第一手技术资料。这为本书内容的撰写提供了源源不断的可靠素材。

本书在撰写过程中也参考了国内外专家学者的学术论文和著作，借鉴了部分能源公司的经验、规程和管理办法。所参考的各类文献已列入书后的参考文献供读者查阅，在此向相关文献的作者表示诚挚谢意。风电场安全运行工程技术涉及内容广泛，不同风电场之间存在差异，书中内容并非对所有风电场完全适用，请读者根据具体风电场的实际情况加以甄选阅读。在此声明，本书内容不能替代风电场的具体规章制度、操作规程和各类票据，仅作为学习参考资料和研究使用，如有差异之处请以风电场颁布的文件为准。

本书由马铁强主持撰写，由马铁强、孙传宗执笔。段振云、孙传宗、梁立哲、李科负责书稿的整理和校对。刘颖明、王晓东、单光坤、王志勇、姚露、王庆平、王士荣、谢洪放、王超、宋筱文、王允生等参与了本书的资料搜集和整理工作。研究生孙德斌、苏阳阳、闫闯、陈明、苏龙、林耀坤、姜喜耀、赵哲、王倩等也参与了本书的素材整理和文字校对。全书由姚兴佳教授审阅和指导。

本书在撰写过程中得到了华能新能源股份有限公司、华电福新能源股份有限公司、沈阳华创风能有限公司、沈阳华人风电科技有限公司等单位的大力支持。在此，对上述单位和人员的支持、帮助和协作表示由衷的谢意。

由于作者水平有限，书中难免存在不足之处，恳请读者批评指正。

作　者

2020 年 9 月

目　　录

第1章 风力发电及其技术发展趋势

风能是可再生的清洁能源。全球风能储量相当于燃煤能量的1000倍以上，总储量超过水能，且大于固体和液体燃料的能量总和。随着化石能源的日趋枯竭和环境污染的加剧，能源安全问题逐渐凸显。20世纪下半叶，欧美国家及部分发展中国家开始将风能作为未来能源，开发风能利用技术。

风能相对于传统能源，其优势在于由风能向电能的转化过程清洁无污染。风电是风能的最主要利用形式，生产过程不会产生任何污染物，转化过程无须消耗过多的能量。此外，风能是大自然馈赠给人类的天然资源，在全球广泛分布，随时随地可以自由获取，开发成本十分低廉，是一种洁净、廉价的优质能源，是最有发展前景的绿色能源，是维持人类社会持续发展的新型动力来源。

1.1 风能描述

地球自转轴与围绕太阳的公转轴之间存在66.5°夹角，造成地球上不同纬度地区的太阳辐照角度有所不同，并且随着四季更迭，不同地区的太阳辐照角度也会发生变化。地球上各纬度所接受的太阳辐射强度不同形成了大气运动，风就是大气水平运动的直接结果。

风向和风速是描述风的两个重要参数。风向是指风吹来的方向；风速表示风的运动速度，通常是指单位时间内大气流经的距离，单位为m/s。在风能技术领域，技术人员通常对某一高度处10分钟内连续测得的瞬时风速取平均值，以此来描述风速，并将地面上空10m高度处10分钟内平均风速作为技术工作的参考值；用玫瑰图来描述给定地点处的一段时间内的风向分布，并由玫瑰图可以得到当地的主导风向。

风能具有可再生、无污染、分布广、不均匀、密度低、不稳定等特点，实际应用过程中无法运输和直接存储，只能将其转化为其他能源形式，达到风能的捕获与存储目的。风能的大小可用大气流经某一处的动能来表示，并可根据动量定理推导出单位时间内垂直流过单位截面积的风功率，即风功率密度：

$$\omega = 0.5\rho\upsilon^3 \tag{1.1}$$

式中，ω为风能的功率密度（W/m^2）；ρ为空气密度（kg/m^3）；υ为风速（m/s）。

风速随机性大，必须通过长时间的观测才能掌握其特性。某地区的风能潜力应根据该地区常年的平均风能密度来评估。某地区的平均风能密度，可由风能密度公式对时间积分，之后再取平均值求得。如果已知风速υ的概率分布$P(\upsilon)$，那么平均风能的功率密度可由式（1.2）求得

$$\omega = 0.5\rho\upsilon^3 P(\upsilon)\mathrm{d}\upsilon \tag{1.2}$$

1.2 风电原理

风力发电于20世纪下半叶在全球范围内兴起，经过几十年的高速发展，已经成长为全球第三大电力来源。风力发电在丹麦、英国、德国、西班牙、美国等国家已被广泛使用。我国于21世纪初开始着力发展风力发电技术，经过近20年的发展，在风力发电领域取得了巨大的技术进步和举世瞩目的成就。目前，风电场在我国广泛分布，新疆、内蒙古、河北、黑龙江、吉林、辽宁、山东、江苏、浙江等地均有大规模的风电集群，很大程度上改变了我国的电力结构。

风力发电的原理简单，主要是借助风电机组和并网技术实现风能的捕获、风电能转换和风电能的存储和传输。其中，风电机组是将风能转换为电能的动力装备，由叶轮、发电机、支撑结系统、传动系统及其他调节机构等组成。风力发电原理图如图1.1所示。

风电机组利用风力带动叶轮旋转，再通过传动装置将叶轮的旋转机械能传递给发电机，并经由发电机转换为电能。电能经由输变电装置传输给电网。在现有技术水平下，风速超过3.0m/s条件下，风电机组即可实现发电。

风力发电的实际占地面积比较小，风电机组、变电站等设施比火电厂的设施所占土地面积更少，而且风电机组、变电站等设施用地的剩余面积仍可供农田、牧场、渔业等产业使用。风电机组装机规模十分灵活，可根据业主的资金、场地、用途等实际情况，确定风电机组的装机容量、装机规模和占地情况。风力发电的自动化水平高，可以做到无人值守条件下机组的正常运行，业主方仅需开展定期的检修和维护。这与传统的水力发电、火力发电需要经常性的维修、维护的情况存在较大差别。

与火电、水电等电力来源相比，风电也存在一定的缺点和不足。风电的度电成本较高，无法与火电和水电直接开展价格竞争。风电会随着季节和气候的变化出现较大的电能波动，发电存在不稳定性和不确定性。这也是风电不被电网看好，长期被弃风限电的问题由来。随着风电机组向着大型化方向的不断发展，风电的度电成本也在不断下降，并得到了有效抑制，弃风限电问题也随着智能电网技术的成熟和应用，而逐渐得到缓解。

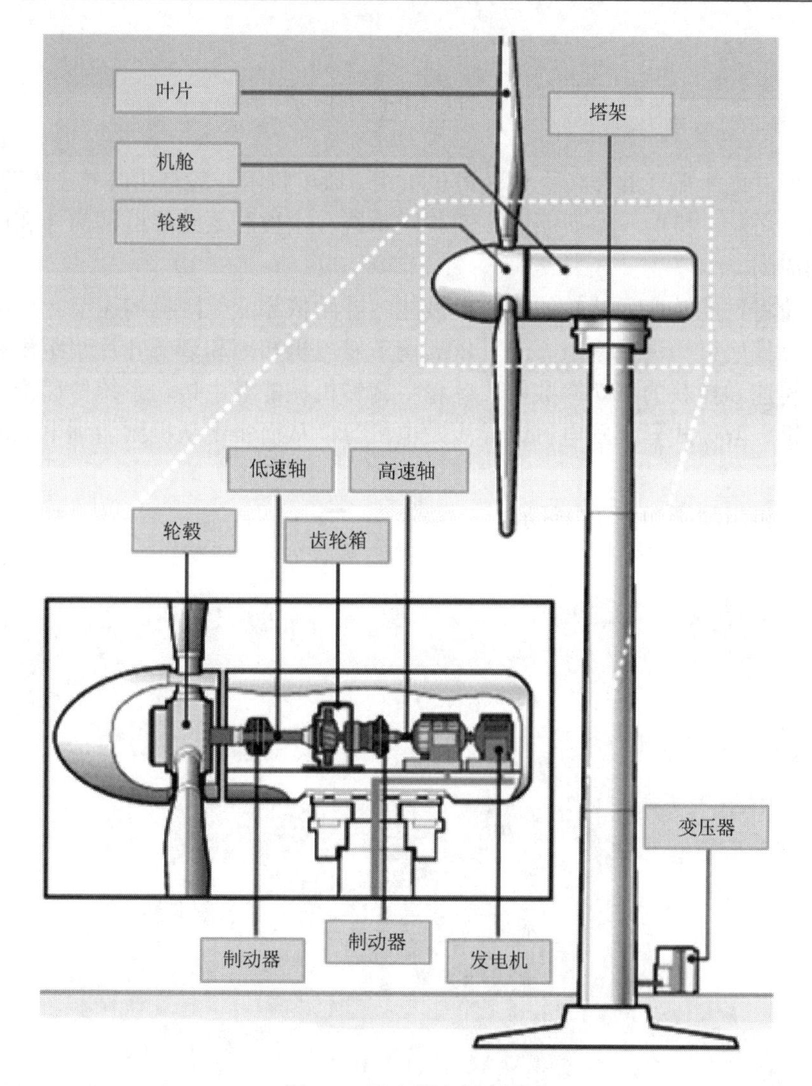

图 1.1　风力发电原理图

风电机组既可并入大电网，也可在岛屿、牧区等地独立运行，还可与柴油发电、光伏发电、水力发电、火力发电等发电形式形成互补关系，为解决边远地区和孤岛地区的用电、风电能输出、风电能储运等问题提供了可行的方案。

总之，风能具有清洁、可再生、建设周期短、装机规模灵活等优点，但也存在噪声大、视觉污染、发电不稳、电能不可控等缺点。

1.3 风电机组

风力发电所需要的装备主要是风电机组。风电机组一般是由叶轮、传动系统、发电机、塔架、机舱、偏航系统、变桨距系统、主控制系统等机械部件和电气元器件构成的。

叶轮将风能转变为叶轮的旋转机械能。叶轮依靠变桨距机构调节叶片的桨距角，依靠偏航机构调节迎风方向，依靠调节发电机转矩和调节叶片桨距角来控制转矩、转速和捕获的风功率数值。叶轮将旋转机械能经由传动系统传递给永磁同步发电机、双馈式异步发电机或异步发电机等，从而实现从机械能到电能的传递和转换。

风电机组结构如图 1.2 所示。

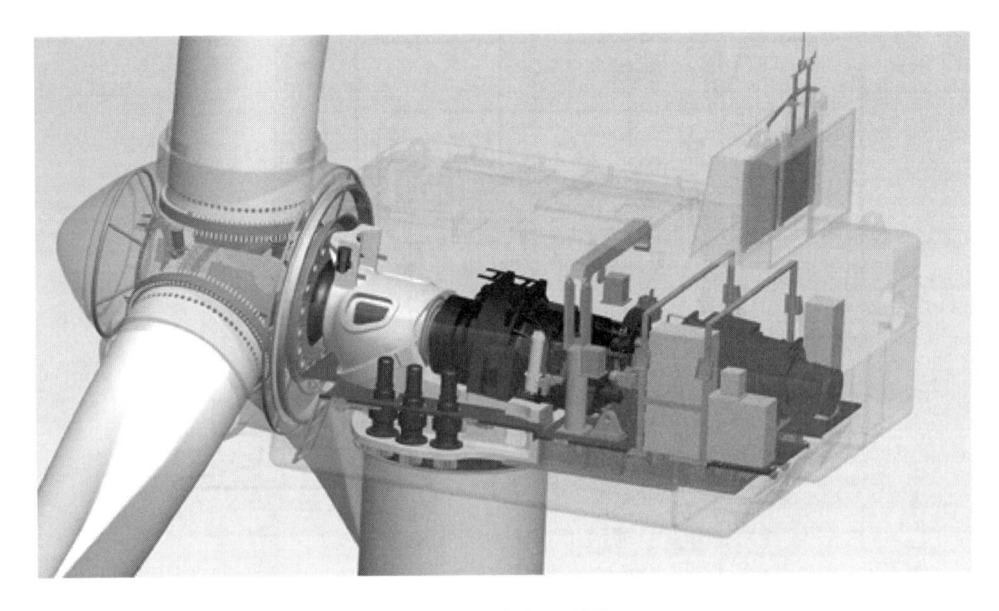

图 1.2　风电机组结构

1. 叶片

风电机组的叶片由支撑结构、基体材料、叶根、蒙皮等组成。支撑结构包括腹板、主梁和后缘梁。支撑结构保证了叶片的强度、刚度、屈曲等机械性能，腹板和主梁对叶片的结构强度起到了主要作用。图 1.3 为叶片的骨架结构。

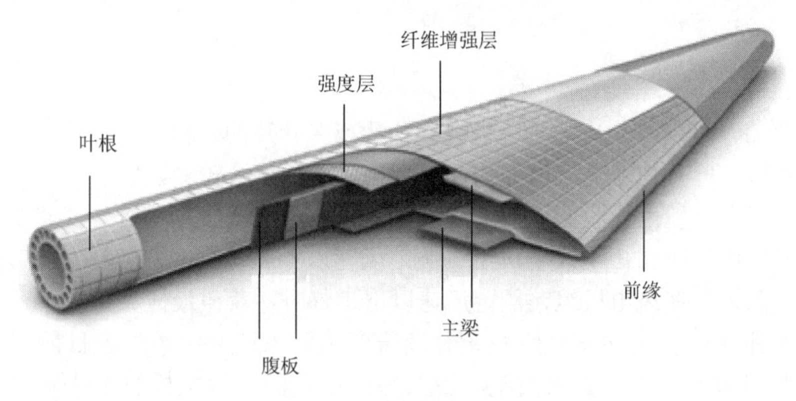

图 1.3　叶片的骨架结构

现代工艺条件下，基体材料通过真空灌注工艺制造而成。叶片生产厂家按照骨架结构的外形，将高性能、低黏度的环氧树脂加热，经固化后形成叶片翼型。环氧树脂材料具有黏接强度高、韧性好、耐腐蚀、耐疲劳性好、断裂延伸率高等优点，能够与增强材料良好地匹配和结合，以满足叶片的结构强度、气动性能等方面要求。

叶根即叶片的根部，其形状为圆柱形。叶根通常采用预埋方式在其端面处埋设若干整周均匀分布的螺栓。预埋好的螺栓用于叶片与变桨轴承的连接和紧固。由于叶根是风电机组的关键连接结构，通常需要采用加强结构设计，以提高叶片的抗极限载荷的能力。一般要求叶片能够抗击 50 年一遇的极限风速。

蒙皮即叶片表面的自然流线外形。蒙皮的作用是保证叶片的空气动力学性能，确保叶片在不同的桨距角条件下获得特定的升力、阻力和推力作用。

图 1.4 为风电叶片制作。

图 1.4　风电叶片制作

2. 变桨距机构

主流的叶轮是三叶片叶轮，也有二叶片或多叶片的叶轮。叶片通过变桨轴承与轮毂连接。叶片捕获的机械能均通过变桨轴承传递给轮毂。

为了调节叶轮所吸收的风能大小，叶轮上安装有变桨距系统。变桨距系统用于调节叶片的桨距角：使风电机组在额定风速以上运行时，输出功率能够保持在额定功率附近；使风电机组在额定风速以下运行时，获得最佳尖速比。

变桨距系统有电动变桨距系统和液压变桨距系统两种类型。目前，多数风电机组整机生产企业主要采用电动变桨距系统。随着风电机组不断向大型化的方向发展，液压变桨距系统以其结构可靠、驱动力大等优点，逐渐被企业所重视和应用。

为了保障停电或紧急状态下叶片能够收桨，风电机组整机生产企业会为变桨距系统配备超级电容或液压蓄能装置，作为高风速或故障状态下实施快速收桨的后备能量来源。图 1.5 为两种不同的变桨距驱动方式。

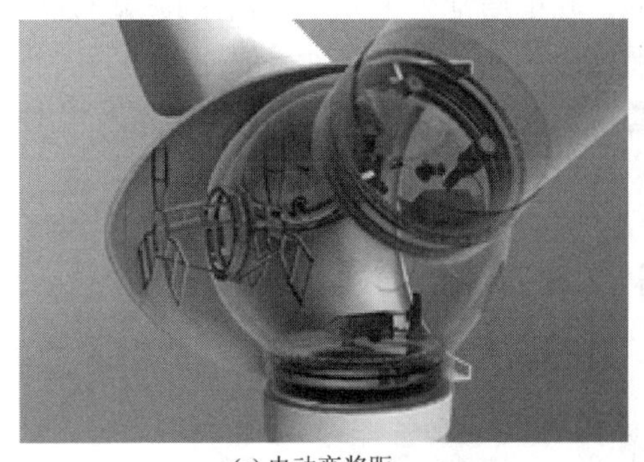

(a) 电动变桨距

(b) 液压变桨距

图 1.5　两种不同的变桨距驱动方式

3. 主轴子系统

风电机组将捕获的风能以机械能传递给发电机，从叶轮到发电机的一系列传动装置称为主传动系统。主轴子系统是主传动系统的关键部分，由主轴、主轴承、轴承座等重要零件组成。主轴子系统的结构取决于风电机组的种类、传动系统的布局形式及风电机组的性能要求。

主轴子系统将叶轮与齿轮箱的输入端或发电机的转子连接起来，并由一组或多组轴承支撑。原则要求，主轴承用于承受轴向载荷和径向载荷，并且只将转矩传递给齿轮箱的输入端或发电机的转子。

主轴承安装于轴承座上。轴承座分为独立式轴承座和集成式轴承座两种类型。集成式轴承座是指轴承座与主机架设计成一体式结构。此种类型轴承座结构有利于提高风电机组支撑系统的刚度和传动系统的精度，并且有利于降低风电机组的安装成本。图 1.6 为主轴支撑方式简图。

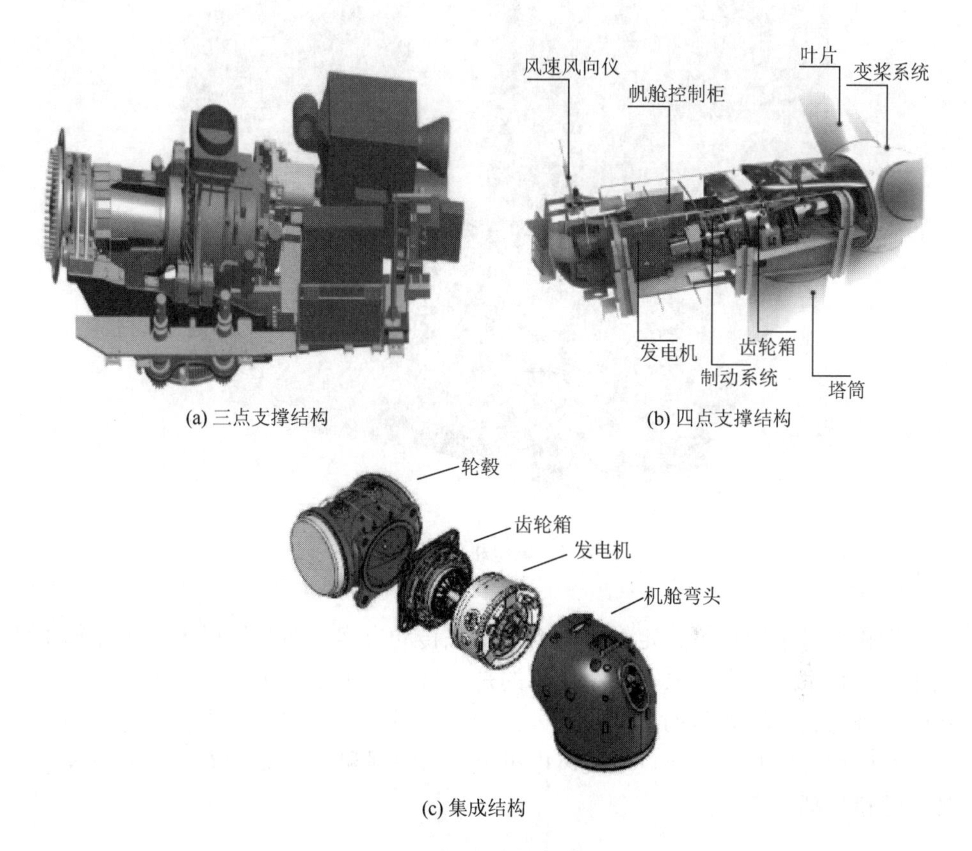

(a) 三点支撑结构　(b) 四点支撑结构

(c) 集成结构

图 1.6　主轴支撑方式简图

4. 增速传动子系统

增速传动子系统即齿轮箱。齿轮箱的功能是通过提速、降转矩的方法，将叶轮的机械能传递给发电机的转子。齿轮箱的输入端与主轴子系统通过刚性联轴器连接，输出端通过柔性联轴器与发电机的转子连接。齿轮箱将叶轮传递而来的转速提高到发电机的同步转速范围，以满足发电机的发电和并网要求。

图 1.7 为风电机组的齿轮箱。

图 1.7　风电机组的齿轮箱

齿轮箱可采用行星、定轴、混合等轮系传动方案，兆瓦级以上的齿轮箱主要采用行星轮系或混合轮系，其中常用的是一级行星 + 二级定轴、二级行星 + 一级定轴两种齿轮箱轮系传动方案，此外，一级行星 + 一级定轴的齿轮箱轮系传动方案也有应用，主要用于半直驱式风电机组（马铁强和王士荣，2017）。图 1.8 为三种齿轮箱传动方案。

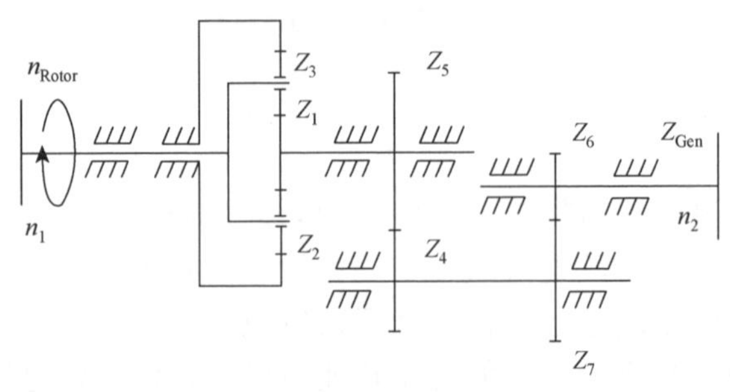

(a) 一级行星 + 二级定轴轮系

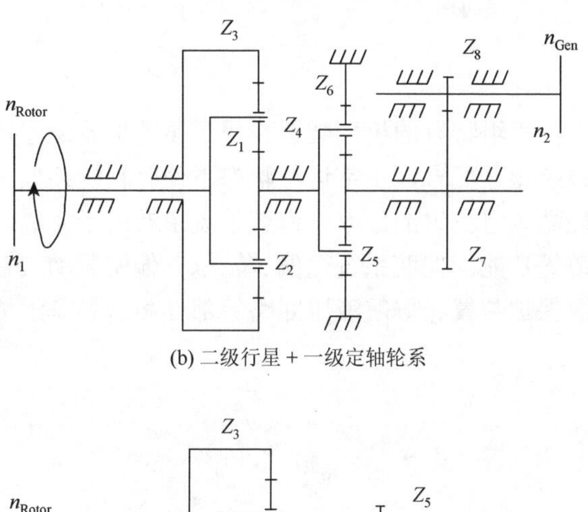

(b) 二级行星 + 一级定轴轮系

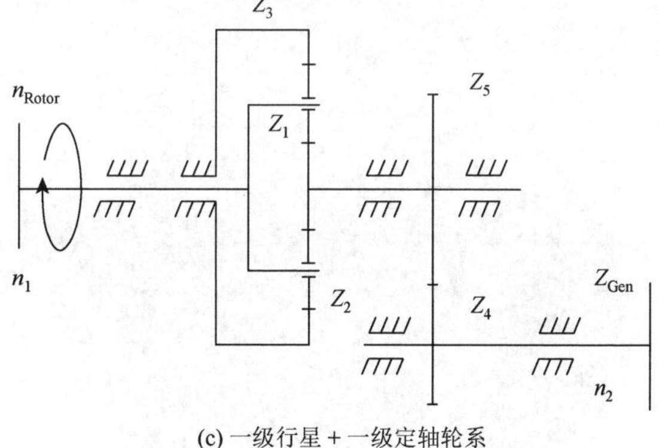

(c) 一级行星 + 一级定轴轮系

图 1.8　三种齿轮箱传动方案

齿轮箱是风电机组的关键部件，需要良好的润滑条件，以保护齿轮和轴承，避免出现过早失效。齿轮箱的常用润滑方式主要有两种，分别是飞溅式润滑和强制润滑。强制润滑是主要的润滑方式。强制润滑具有定点润滑、润滑过程可监控等优点，保障了齿轮箱的润滑环境。良好的润滑可达到减少摩擦磨损、提高齿轮承载能力、防止齿轮胶合、吸收冲击和振动、防止疲劳点蚀、抗腐蚀和辅助冷却等诸多目的。

此外，齿轮箱的冷却也很重要。齿轮箱的冷却方式主要分两种，分别是空空冷却和空水冷却。空空冷却即采用热交换装置对齿轮箱进行强制风冷，以冷却润滑系统，保证润滑油处于正常的温度范围。空水冷却主要是由一个油-水冷却器和冷却水泵完成的。齿轮箱工作时，热量被传递给润滑油。润滑油与齿轮箱外部的油-水热交换器交换热量；冷却水的热量通过机舱外的空-水热交换器与空气交换热量，最终将热量散发到机舱外的大气中。

空空冷却的结构简单、成本低，但冷却效果没有空水冷却系统理想；空水冷却系统结构复杂，需要一套水冷装置，占地空间大，成本较高，冷却效果好。目前，大型风电机组的齿轮箱大多采用空水冷却系统。

5. 偏航系统

偏航系统是风电机组特有的机械装置，用于驱动机舱绕着塔架的轴线旋转。偏航系统与控制系统相互配合，正常运行状态下使叶轮始终处于迎风状态，以充分地利用风能，提高风电机组的效率。偏航系统主要用于完成偏航驱动、制动与阻尼、扭缆与解缆等功能。偏航系统由偏航轴承、偏航驱动装置、偏航制动器、偏航计数器、扭缆保护装置、偏航液压回路等部件和子系统组成。偏航系统外形如图 1.9 所示。

图 1.9　偏航系统外形

偏航系统分为主动偏航和被动偏航两种偏航控制方式。主动偏航是指用电机、液压等方式拖动机舱，以完成叶轮自动对风的偏航方式。被动偏航是指借助风电机组的尾舵、舵轮或叶轮下风向等结构形式，在风力作用下自动完成叶轮对风的偏航方式。

主动偏航由电机驱动偏航，而被动偏航则要依靠机舱、叶轮和尾翼的气动性能实现偏航。被动偏航能够比较准确地时刻跟踪风向，这也导致了风电机组的偏航系统频繁动作，使偏航轴承及偏航驱动装置的寿命受到了严重影响。主动偏航是由控制系统根据风向的变化规律，适时地调整叶轮的朝向，统计学上使叶轮的朝向与风向基本保持一致。该偏航方式有利于保护偏航轴承和偏航驱动装置，可提高偏航系统的使用寿命。此外，主动偏航是根据外界环境风况和风电机组的自身运行状态主动调整偏航角度，能够在发电性能与安全性能方面形成最优控制。大型风电机组大多采用主动偏航，而微小型风电机组大多采用被动偏航。图 1.10

为偏航系统结构图。

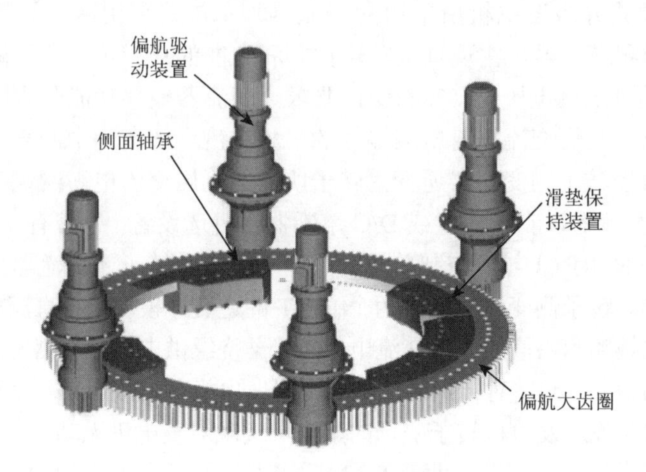

图 1.10　偏航系统结构图

6. 发电系统

发电机是风电机组的核心部件。发电机的种类很多，包括双馈式异步发电机、永磁同步发电机、电励磁同步发电机、混合励磁发电机等，常用的发电机是双馈式异步发电机和永磁同步发电机。

双馈式异步发电机也称为交流励磁发电机，运行方式灵活，在解决发电机变速恒频发电问题方面有优势。双馈式异步发电机将定子、转子的三相绕组分别接入两个独立的三相对称电源，定子绕组接入工频电源，转子绕组接入频率、幅值、相位都可以按要求进行调节的交流电源。转子外加电压频率要与转子感应电动势的频率保持一致，改变转子外加电压的幅度和相位，即可调节发电机定子侧的有功功率和无功功率，从而使发电机组在较宽的风速范围内都能发出满足电网需要的电能。

永磁同步发电机的转子为永磁式结构，不需外部提供励磁电源，变频恒速控制是在定子回路中实现的，将永磁同步发电机的变频的交流电通过变频器转变为电网同频的交流电，实现风力发电的并网。变频器的容量与发电系统的额定容量相同。永磁同步发电机的特点是：不需要励磁装置，具有重量轻、效率高、功率因数高、可靠性好等优点；变速运行范围宽，可超同步运行也可亚同步运行；转子无励磁绕组，磁极结构简单、变频器容量小，可以做成多极电机；同步转速降低，使叶轮和发电机可直接耦合，省去了齿轮增速箱，减少了发电机的维护工作并降低了噪声。

发电系统中另一主要部件是变流器。变流器将风电机组转化的电能输入电网，是实现风电机组并网的纽带。

对于双馈式异步发电机所采用的变流器，主电路采用两个结构相同的三相PWM整流器和逆变器，实现直接转矩控制和电能的双向传输，用耐宽幅波动型的变流器，满足电网电压±15%的变化要求。变流器根据功能分为网侧变流器和转子侧变流器。网侧变流器将电网输入的三相交流电整流为中间直流电路所需要的直流电，再经转子侧变流器逆变为转子所需的励磁交流电。网侧变流器是基于IGBT模块的变流器，带有A/C或D/C熔断器及可选设备，并带有一个装有IGBT供电控制程序的RDCU-02控制单元。网侧变流器由转子侧变流器控制单元通过光纤进行控制。转子侧变流器包含两个IGBT的逆变器模块，将直流电逆变为产生转子磁场所需频率和幅值的三相交流电，向转子绕组供电。转子侧变流器控制对象为转矩和无功功率，通过对转矩的控制实现对发电机发出的有功功率控制，通过控制无功功率来完成对发电机转子磁场的建立，实现对发电机无功功率的控制。

永磁同步发电机采用背靠背双PWM变流器，包括电机侧PWM变流器与电网侧PWM变流器，能量可以双向流动。电机侧PWM变流器通过调节定子侧的d-q轴电流，实现转速调节及电机励磁与转矩的解耦控制，使发电机运行在变速恒频状态，额定风速以下具有最大风能捕获功能。电网侧PWM变流器通过调节网侧的d-q轴电流，保持直流侧电压稳定，实现有功和无功的解耦控制，控制流向电网的无功功率，通常运行在单位功率因数状态，还要提高注入电网的电能质量。背靠背双PWM变流器是目前风电系统中常见的一种变流器拓扑结构。图1.11为两种风力发电机。

(a) 双馈式风力发电机

(b) 永磁式风力发电机

图1.11　两种风力发电机

7. 液压与制动系统

液压系统是利用液体介质的静压力，以液体压力能形式进行能量传递和控制，完成能量的蓄积、传递、控制、放大，实现机械执行机构的准确、快捷、可靠驱动和控制。液压系统可对力、速度、位置等指标快速响应和自动准确控制。液压系统体积小、重量轻、运动惯性小，操控过程中可实现过载保护和自润滑，因此可靠性高、使用寿命长。液压系统是风电机组的动力来源之一，用于变桨驱动、偏航制动、主传动系统制动和叶轮锁紧。液压系统由液压站、液压管路、偏航制动器、液压变桨距机构、主传动系统制动器等部件和子系统构成。

在变桨距方面，液压系统为全翼展变桨距提供动力，包括独立液压变桨距、同步液压变桨距等。在偏航方面，液压系统为偏航过程提供阻尼，为锁定机舱方向提供静摩擦力。偏航制动装置由制动盘和制动钳构成，制动钳在液压缸的推动下，使摩擦片与制动盘之间形成压力，产生的摩擦力为偏航和偏航制动提供阻尼力矩、制动力矩和静摩擦力矩。在主传动系统上，液压系统为主传动系统提供制动力，保证停机检修时叶轮保持不旋转，为紧急制动提供辅助制动力。图1.12为液压变桨距机构，图1.13为风电液压系统。

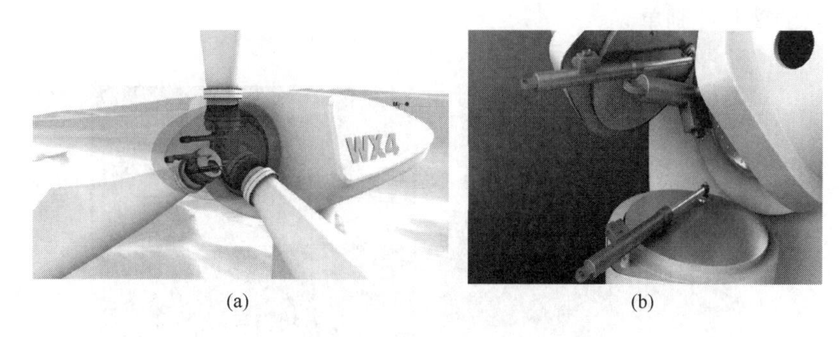

(a)　(b)

图1.12　液压变桨距机构

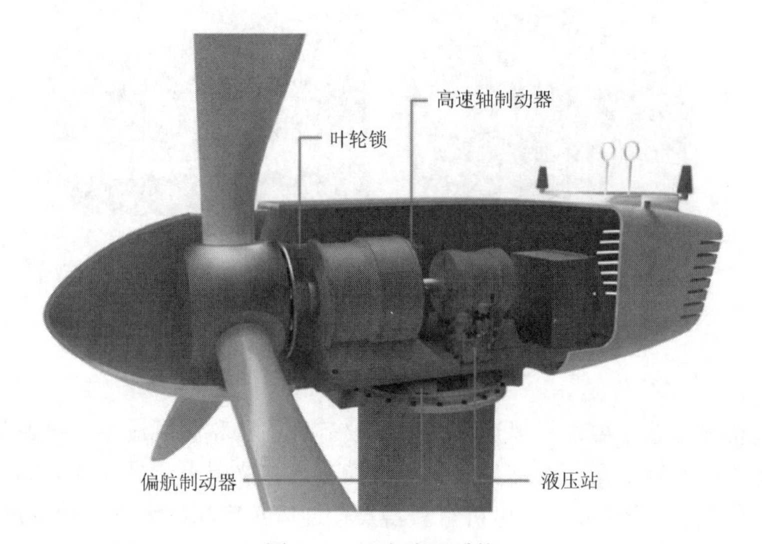

图1.13　风电液压系统

8. 电气控制系统

风电机组的电气控制系统包括塔底柜和机舱柜两部分，是风电机组的控制中枢，负责控制整个风电机组的启动、停止、报警等一系列操作。控制系统通常以可编程控制器（programmable logic controller，PLC）作为控制系统的核心单元，通过断路器、接触器等基本的控制电气元件，为风电机组的安全可靠运行提供了有效保障。

主控制柜即塔底柜，位于塔筒内的底部；另一个控制柜，即机舱柜，位于机舱内部。图 1.14 为机舱柜和塔底柜的内部结构。

塔底柜的功能主要包括：为机舱提供电源；为塔架提供照明电源；作为风电机组的中央控制单元。

机舱柜的功能主要包括：控制机舱内的设备；采集风电机组运行数据；作为风电机组的变桨控制单元。

(a) 机舱柜

(b) 塔底柜

图 1.14　机舱柜和塔底柜的内部结构

9. 风况检测装置

风况检测装置主要是指风速仪、风向仪等传感器和测风设备。风速仪和风向仪被固定于机舱罩上面，由支架固定和支撑。风向仪用来测量风的方向，用于风电机组的偏航对风控制，对风电机组获得最佳迎风角度和最大出力起着重要作用。风速仪则是在风力的作用下，受到风力扭矩作用发生快速旋转。风速仪的转速与风速成正比，风速越大则风速仪的转速越快。风速仪将转速信号变换为模拟电信号，并由 PLC 根据转换算法计算得出当前的风速。图 1.15 为风速仪和风向仪。

(a) 实景图　(b) 风速仪　(c) 风向仪

图 1.15　风速仪和风向仪

10. 支撑系统

支撑系统是风电机组的主要承载结构，受到机舱重量、叶轮转矩、叶轮推力、倾覆力矩、塔筒风载以及振动等载荷的共同作用。风电机组的支撑结构主要包括主机架和塔架。

主机架用于固定、支撑和连接机舱内机械、电气、控制等系统。主机架的结构要根据机舱内部的结构、零部件重量以及布局情况作适应性设计。主机架按照制造的方法可分为铸造主机架和焊接主机架。铸造主机架的结构抗振性强、吸振性能好，但单件的制造成本偏高；焊接主机架的结构强度高、质量小，单件制造成本低廉。主机架按照结构形状分类，可分为梁式、框架式和箱式。风电机组整机制造企业采用哪种结构形式的主机架，主要根据企业的生产规模、设备和加工方法以及成本情况来选择。图 1.16 为风电机组的主机架。

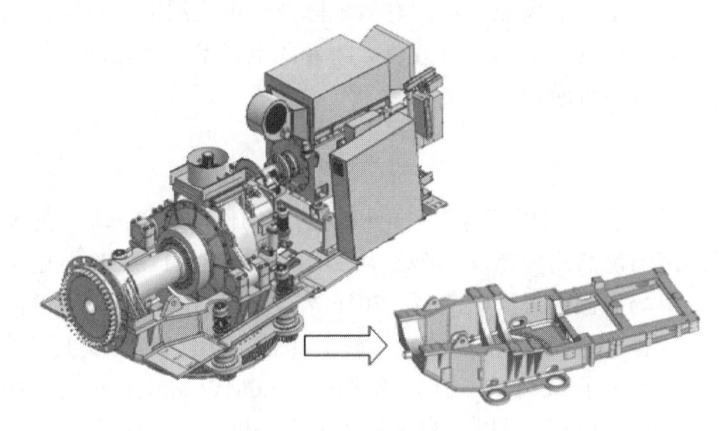

图 1.16　风电机组的主机架

塔架即塔筒，重量约占风电机组总重量的50%，造价占总造价的15%～50%。塔架承受着风电机组的全部重量和外载荷。所有载荷以静压载荷、循环载荷、冲击载荷和振动激励等形式作用于塔架及其连接件。在风电发展的不同历史阶段，塔架曾有过不同的结构和形状，其中广为人知的结构形式包括钢筋混凝土式、桁架式、拉索桅杆式、三角式、钢筒式、混合式等。目前，钢筋混凝土式、桁架式、钢筒式等三种塔架较为常用。随着风电机组向大型化方向发展，钢筋混凝土式塔架也开始有少量应用。图1.17为几种典型的塔架。

(a) 桁架式塔架

(b) 钢筒式塔架

(c) 混合式塔架

(d) 钢筋混凝土式塔架

图1.17　几种典型的塔架

1.4　技术发展趋势

1.4.1　大型化

为了实现规模效益，风电机组整机制造企业不断推出更大的风电机组。大型风电机组可以捕获更多的风能，从而有效地降低风电机组的单位容量制造成本，提高整机企业和风电场业主的经济效益。随着风电技术不断走向成熟，风电机组的大型化发展趋势不可逆转。

1. 大容量

自2007年起，兆瓦级以下容量风电机组的市场份额逐年降低，兆瓦级以上容量风电机组的市场份额逐步超过50%。从2010年开始，1.5MW风电机组逐渐成为市场主导，市场份额超过70%；到2016年，2.0MW风电机组慢慢开始取代1.5MW风电机组，成为新的市场主导。截至目前，2.0MW及以上容量风电机组的市场份额占比超过了60%。与2015年相比，2.0MW风电机组的市场份额上升了大约11%，其中3.0MW及以上容量的风电机组也开始形成规模。3.0～3.9MW

风电机组的市场份额达到2.6%，4MW及以上容量风电机组的市场份额达到1.9%。

而且随着海上风电场的大规模开发和利用，风电机组单机容量在加速增大。例如，金风科技、上海电气、联合动力、广东明阳、湘电风能、维斯塔斯（Vestas）、歌美飒、美国超导、通用电气等公司分别研制出了GW6000、W7000、UP6.0、SCD6.0/6.5MW、XE5000、V164-9.5MW、SWT-8.0-154、SeaTitan-10MW、Haliade-X12MW等大容量风电机组产品。截至2019年，全球最大容量的风电机组是美国通用电气的12MW风电机组Haliade-X12MW，如图1.18所示。国内外风电企业大容量机组如表1.1所示。

图1.18 2019年全球最大容量的风电机组——通用电气12MW风电机组

表1.1 国内外风电企业大容量机组

企业	最大容量/MW	型号
金风科技	6	GW6000
上海电气	7	W7000
联合动力	6	UP6.0
广东明阳	6.5	SCD6.0/6.5MW
湘电风能	5	XE5000
维斯塔斯	9.5	V164-9.5MW
歌美飒	8	SWT-8.0-154
美国超导	10	SeaTitan-10MW
通用电气	12	Haliade-X12MW

2. 大叶片

叶片作为风电机组捕获风能的关键部件，其设计与制造对风电机组的性能至关重要。叶片的大型化给设计、制造、运输、安装和使用都会带来一定挑战。这主要表现在叶片的质量、可靠性、材料成本、运输成本、气弹稳定性、屈曲、疲劳等方面。

随着叶片向大型化方向发展，叶片的雷诺数、载荷和重量也不断增大。如何提高叶片的效率，降低叶片载荷和减轻叶片重量，成为叶片生产厂商和研究者不断追求的目标。新翼型技术、材料技术、新叶片形式、多学科优化方法、主动和被动的降载技术、颤振抑制技术等为叶片的大型化提供了更多的技术支撑。

2018 年，叶片长度纪录达到 88.4m，该幅叶片由丹麦的 LM 公司和 Adwen 公司共同创造，被用于 8.0MW 海上风电机组。此外，80m 及以上长度的叶片还有丹麦 SSP 技术公司生产的 83.5m 叶片、德国 EUROS 公司设计开发的 81.6m 叶片以及丹麦维斯塔斯公司设计制造的 80m 叶片。它们分别用于韩国三星集团的 7.0MW 海上风电机组、日本三菱的 7.0MW 海上风电机组和丹麦 VESTAS 的 8.0MW 海上风电机组。截至 2019 年，全球最大叶片的长度已达到 107m，用于美国通用电气 12MW 风电机组 Haliade-X12MW。

大叶片的优点是风能利用系数更高，例如，德国 ENERCON 公司通过综合优化叶尖、叶根过渡段以及机舱几何外形等方法提升了叶片的风能利用系数。

在大叶片应用方面，西门子公司得益于欧洲海上风电市场的迅猛发展和自身的技术优势，已经走到了世界前列。西门子采用 Integral Blades 的叶片制造技术，生产了 58.5m 叶片。该叶片被用于海上 3.6MW 风电机组。沿用此技术开发的 75m 叶片也将批量生产并用于西门子公司的 7.0MW 风电机组。这台风电机组安装于英国东海岸东安格利亚 1 号海上风电场。中国的叶片生产厂商紧跟海上风电的国际发展趋势，已经具备了 6.0MW 海上风电机组的叶片配套生产能力，例如，中材科技风电叶片股份有限公司（以下简称中材科技）的 77.7m 叶片，连云港中复连众复合材料集团股份有限公司（以下简称中复连众）的 76m 叶片，上海艾朗风电科技发展（集团）有限公司（以下简称艾朗风电）的 75m 叶片等。洛阳双瑞风电叶片有限公司（以下简称洛阳双瑞）生产了 83.6m 叶片，创造了国内最长叶片的纪录。

为了开辟更多的风能可利用区域，风电场开始向低风速区拓展。在低风速叶片的开发和应用方面，国内叶片制造厂商走在了世界前列。中材科技、中复连众、国电联合动力[①]、时代新材[②]、中科宇能[③]、艾朗风电等都有 50m 级 2.0MW 叶片的生产能力。

① 国电联合动力技术有限公司，以下简称国电联合动力。

② 株洲时代新材料科技股份有限公司，以下简称时代新材。

③ 中科宇能科技发展有限公司，以下简称中科宇能。

表1.2为国内外风电叶片企业最大叶片。

表1.2　国内外风电叶片企业最大叶片

企业	最大叶片长度/m	型号	容量/MW
LM/Adwen	88.4	AD8-180	8
SSP技术	83.5	—	7
EUROS	81.6	—	7
维斯塔斯	80	V164-9.5	9.5
洛阳双瑞	83.6	H171	5
中材科技	77.7	Sinoma79.5	6
中复连众	76	—	6
艾朗风电	75	Aeolon75	6

图1.19为通用电气Haliade-X12MW风电机组107m叶片。

图1.19　通用电气Haliade-X12MW风电机组107m叶片

3. 高塔筒

截至2018年末，我国新增装机中风电机组的平均轮毂中心高度约为82m，轮毂高度分布为65～120m，其中，轮毂中心高80m的风电机组比例最大，大约占全部装机的43.9%，其次是90m（18.6%）、85m（15.3%）、75m（6.8%）、70m（4.6%），而其他装机高度的风电机组占比为10.8%。

新增的 1.5MW 风电机组平均轮毂中心高为 74m，其中 75m 轮毂中心高装机占比最高，达到 37.4%，其次是 70m（25.9%）、80m（15.9%）、65m（12.1%）、85m（8.7%）。

新增的 2.0MW 风电机组平均轮毂中心高为 83m，轮毂中心高主要集中在 80m 和 85m，装机合计达到 81%，90m 轮毂中心高增加到 10.5%，其他高度的 2.0MW 风电机组总占比为 8.5%。国内外风电企业高塔筒如表 1.3 所示。

表 1.3　国内外风电企业高塔筒

企业	最高轮毂高度/m	对应机组
通用电气	164.5	3.6MW-137、3.8MW-130
维斯塔斯	166	V126-3.45MW
远景能源	140	121-2.2MW
诺德	164	N131-3300
金风科技	120	GW121/2000GW121/2500
歌美飒	153	G114-2.0MW、G114-2.1MW

1.4.2　复杂化

风电机组主要安装在风能资源好、安装条件好、运输条件好的地区，以最大限度地获得风能、降低成本。但是，随着风电场建设步伐加快，风资源好的地区大多已被开发、利用和占领，很多风电公司开始将目光投向风资源贫乏、自然条件较为恶劣的地区。这直接导致风电机组的应用环境开始向多样化、劣质化方向发展。

据统计和观察，风电场正逐步由陆上向海上发展和转移，由富风区向弱风区不断开拓，由平原和丘陵向高原以及边远山区拓展，由正常气候地区向极端恶劣气候地区发展。由此诞生了海上风电机组、高原型风电机组、低温型风电机组、低风速风电机组等更多种类的风电机组技术。

需要指出的是，当前风电市场的热点是发展适合低风速地区的风电机组技术。低风速风电是指参考风速为 5.5～6.5m/s 的风电开发项目。我国中东部和南部地区大多是低风速风资源地区，可开发利用的低风速资源面积约占全国风能资源区的 68%，而且与电网负荷中心更为靠近。此类地区的可开发风资源总量约为 10 亿 kW，目前只开发了不到 7%，仅为 6000 余万 kW。国内外风电企业机组适应性如表 1.4 所示。

表 1.4　国内外风电企业机组适应性

序号	企业名称	机组适用环境
1	金风科技	高温、低温、高湿、高海拔、多风沙、低风速
2	维斯塔斯	超低风速、低风速、中等风速
3	通用电气	道路不完善、地形复杂地区
4	西门子	海上
5	歌美飒	中低温、中低海拔、海上、低风速
6	爱纳康	陆上
7	联合动力	低温、海上、高海拔、风沙
8	远景能源	低风速
9	广东明阳	低风速、山地、海上
10	海装风电	低风速、山地、湍流强度差异大地区

1.4.3　智慧化

智慧风电是综合应用地理信息系统、大数据、云计算、人工智能等先进技术的数字化风电建模与仿真技术。智慧风电技术让人们对风的评估、测量和预测做到更快、更精、更准。智慧风电机组主要结合互联网、云计算、大数据等技术手段，实现风电机组的运行、监控、运营、维护等各节点的智能控制与管理，可以提高风电机组的可靠性和可利用率，进而提高风电机组的电能产出、降低成本和增加用户收益（吴智泉和王政霞，2019）。

基于大数据的智慧风电机组可以做到提前感知和智能控制，体现了稳定性和效率的完美结合（朱凌志等，2015）。智慧风电机组在风电机组中安装了大量的传感器，实时监控风电机组的各部件及其运行状态。智能控制在风电机组上的应用，能够实现变桨健康诊断、振动监测、叶片健康监测、智能润滑、智能偏航、智能变桨、智能解缆和智能测试。图 1.20 为智能风电场架构，图 1.21 为风电场的智慧监控与管理现场。

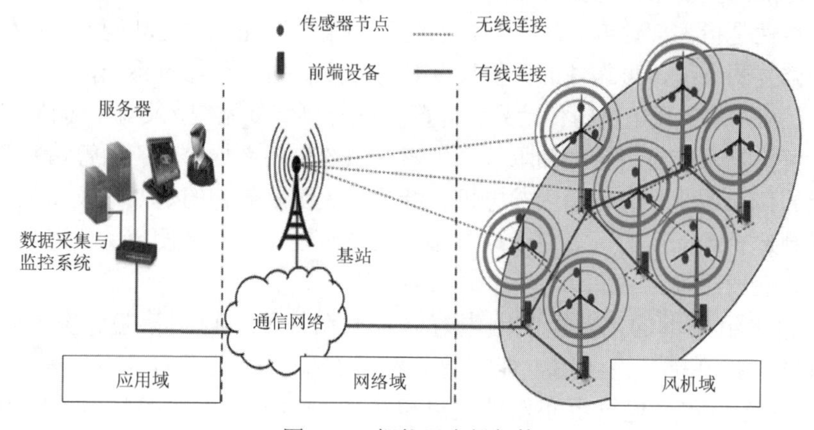

图 1.20　智能风电场架构

图 1.21　风电场的智慧监控与管理现场

1.4.4　高性能

风电机组用于远离城市的荒漠、丘陵、草原、海岸、海岛等地区，日常维护和故障发生后的维修成本较高，所以风电机组必须保持高可靠性，确保免维护或低故障率。此外，为了加快风电场前期投入的回收速度，风电场业主始终以追求风电机组的高效运行为主要目标。近年来，许多风电场业主为了提高在役风电机组的性能，通常要对风电机组的结构和控制系统进行技术改造。本书认为影响风电机组性能的主要指标包括可靠性和效率两方面。

可靠性是指零部件或系统在规定的时间和条件下完成规定功能的可能性。对于不可修复的系统，可靠性的评价尺度是可靠度；对于可修复系统，可靠性的评价尺度是可用度。风电机组传动系统零部件既有可修复系统，又有不可修复系统。其中不可修复系统有齿轮、轴承等；可修复系统包括螺栓松动、油管堵塞等。风电机组的传动系统、齿轮箱、发电机、叶片等关键零部件的失效率较高。风电机组整机制造企业常用的可靠性设计方法包括裕度设计、冗余设计、环境适应性设计和健壮性设计等。

风电机组效率的主要影响因素有叶片气动性能、控制策略、发电转换效率、机械磨损耗能、设备用电能耗等。不同类型风电机组的效率也有所区别。图 1.22 为直驱式风电机组和双馈式风电机组发电系统的效率。当风电机组运行于低风速段时，直驱式风电机组效率较高，而双馈式风电机组不能保证最优的捕获能力。当风电机组运行于中高风速段时，双馈式风电机组的小容量变频器表现出比直驱式风电机组更少的能耗，因此效率更高。提高风电机组效率的方法较多，最常采用控制算法改造、控制参数优化、叶片形貌优化等。图 1.22 为不同风电机组发电系统效率对比图。

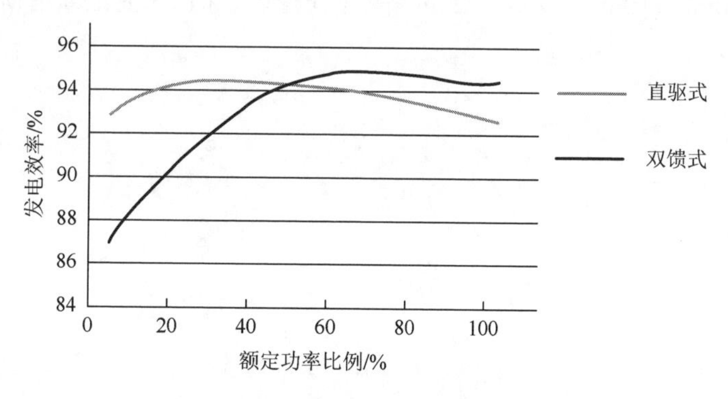

图 1.22　不同风电机组发电系统效率对比图

1.4.5　平台化

平台化是指风电机组整机制造企业不只针对单一客户来源，而是通过统筹考虑将风电机组设计成发电容量可调、配置可选的产品平台。风电机组整机制造企业可以根据客户所处的地理条件、环境条件、气候条件、电网条件及发电容量要求，在产品平台基础上选配标准化的产品模块，从而满足特定的客户需求。

这种设计和生产模式，能够有效地减小风电机组整机制造企业在风电机组上的研发投入，缩短对客户订单的响应周期。目前，国内外很多风电机组整机制造企业均采用了平台化的风电机组设计技术。平台化逐渐成为风电技术发展的重要趋势之一。以下是目前国内风电整机企业开展平台化设计的一些案例。

联合动力设计了 1.5MW、2.0MW、3.0MW 和 6.0MW 平台化风电机组技术。该企业在产品平台基础上衍生出了抗台风型、超低风速型等种类的风电机组技术。

三一重能有限公司研发了适用于常温、低温、高原、低风速、海上、60Hz 电网等不同运行环境的风电机组平台。

明阳智慧能源集团股份有限公司（以下简称广东明阳）研发了风电机组平台 MY1.5/2.0MW、MySE3.0MW、SCD2.5/2.75/3.0MW 和 SCD6.0/6.5MW 等产品。该平台技术主要针对低风速、山地、海上等复杂自然环境的风电场而研发。

金风科技设计了风电机组平台 GW2.X 和 GW136/4.X，侧重于整机结构和发电容量的平台化。该平台技术选用大容量发电机，通过调整叶片长度和塔高来获得不同的额定发电容量，适应不同生存环境。这种做法一定程度上提高了部件生产批量，减少了定制化部件数量，可降低设计和制造成本。

此外，维斯塔斯等国外企业也采用了平台化技术，例如，维斯塔斯的 2MW 风电机组产品平台容量覆盖了 2.0MW、2.1MW、2.2MW 等容量等级，叶轮直径有 90m、100m、110m、116m、120m 等不同选择。图 1.23 为维斯塔斯的 2MW 风电机组平台。

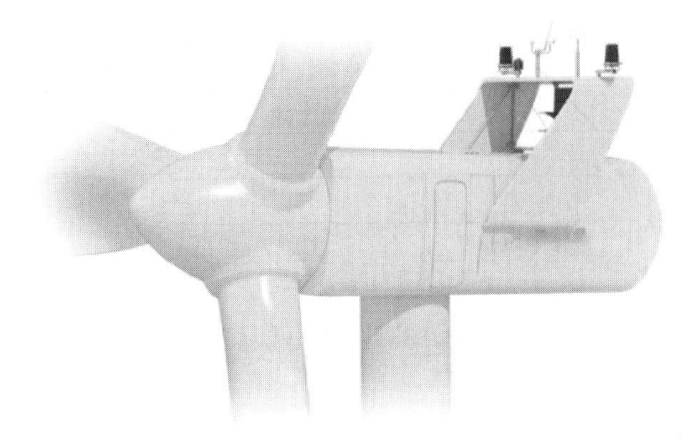

图 1.23　维斯塔斯的 2MW 风电机组平台

第2章　风电场运行架构

风电场是以风电机组为发电主体，将风电能进行集中变换、管理和输送的发电站。风电场将风电机组产生的低电压等级电压转化成高电压等级电压，以降低电能的损耗，从而实现电能经济、稳定输送。

2.1　风电场环境

风电场的环境多种多样，风电机组主要分布在各种极端恶劣的环境中，包括荒漠、丘陵、草原、海岸、滩涂、近海及海岛等。风电场的地理位置和环境的选择并非易事，需要勘测设计部门进行长期的勘测、分析和选址，工作内容涵盖了历史数据分析、资源区域划分、风况观测、宏观选址、微观选址等（姚兴佳等，2019）。

2.1.1　资源评估

为了保证风电机组的高效稳定运行，风电场首先必须拥有丰富的风资源。风资源是直接影响风电场经济效益的重要因素之一。风资源的情况是风电场前期需要掌握的重要数据，因此风资源勘测和研究越来越受重视（宫靖远和贺德馨，2004）。

1. 风资源评估步骤

风资源评估可以分为以下几个主要阶段。

（1）历史数据分析。风资源评估人员通过气象台、站、网等部门收集风电场选址区域的气象、地理、地质、水文等方面的数据资料，归纳、整理、分类和分析搜集的数据，筛选出完整、有用的数据，反映风电场场址的气候及风况的多年平均值和极值，得到当地的平均风速、极端风速、平均气温、极端气温、平均气压、雷暴日数、地形地貌等信息。

（2）资源区域划分。风资源评估人员将收集到的数据资料进行详细分析，按照标准将调查区域进行风资源区域划分和分类，得到风资源区域划分情况及其对应的风功率密度等级，从而初步判定本地区或场址是否为可利用的风资源区域。

（3）宏观选址。根据风资源区划调查结果，风资源评估人员应该选择可以提高风电经济性、稳定性和可靠性的地区作为风电场的场址。宏观选址要求尽量减少不同因素对风资源利用、设备寿命、运行安全等方面的影响，同时考虑区域电力需求、交通便利性、电网条件、土地征用、环境保护等因素。风资源评估人员对可行区域的地形、地貌、地质、交通、电网及其他条件进行综合评估和比较，确定最优的风电场场址。该过程包括气象数据分析、地质勘探资料调阅、居民反应调查等内容，并需要实地考察场址的地貌特征、地表植被以及野生动物分布与迁徙等问题。

（4）风况观测。气象部门仅提供区域性宏观气候和气象数据，数据精度不足以支撑风电场及其设备选址。为了正确地评估某一区域的风资源情况，获得客观、精确的风速和风向数据，掌握风况随地形、地貌、海洋的变化情况，需要实际观测风资源。典型的风况观测方法是根据风电场的规模及地形，现场安装 2 个及以上数量的测风塔。测风塔安装位置根据当地的地形、地表附着物等具体情况来排布，尽量安装于空旷地带，远离树林、建筑物、山丘等障碍物。风况观测需持续 1 年以上，所获取的数据 90%以上应该为有效数据，包括风速、风向、温度、气压等。

（5）微观选址。选定风电场场址后，需要确定风电机组的具体位置，即规划和设计风电机组的地理位置及彼此之间的相互关系。这个过程通常称为风电场的微观选址。微观选址要综合考虑风电场场址的地形分布、地质状况、周边环境以及测风数据。风电场场址的风资源评估过程如图 2.1 所示。

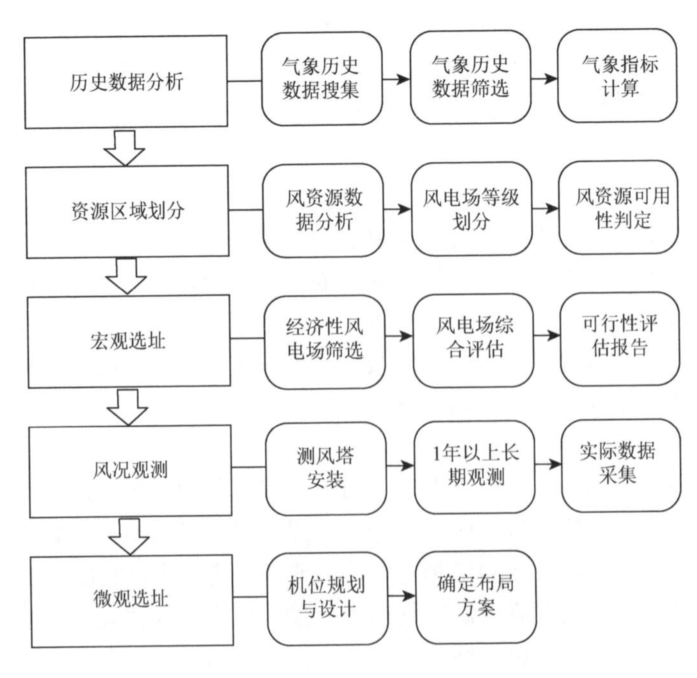

图 2.1　风电场场址的风资源评估过程

2. 评估数据

风电场的场址直接影响风电场的建设、运行和维护成本，例如，运输、施工、安装的成本和设备可利用率、整体效益等。场址正确选择的关键是正确分析和评估风资源，主要评价指标如下所示。

（1）平均风速。平均风速是评价风资源情况的重要指标，包括月平均风速、年平均风速等。年平均风速是风电场最为常用的评价指标。年平均风速是全年瞬时风速的平均值，年平均风速越高，则表示当地的风资源越好。风电场的年平均风速以该区域多年的气象数据和实测数据为计算依据，通常要求大于 6m/s。气象数据应为 30 年以上统计数据或 10 年以上的 10 分钟风速数据。实测数据则要求至少观测 1 年。

（2）风功率密度。风功率密度是指与风向垂直的单位面积中风所具有的功率。风功率密度与空气密度、风速等参数密切相关。风速具有随机性，使风功率密度不能依据瞬时风速计算，必须用气象观测数据和实测的风速数据来统计计算。若某区域的风功率密度越高，则表示该区域的风资源越好、风能可利用率就越高。

（3）风向分布。风向及其分布影响着风电场所在区域内风电机组的具体综合部署，即微观选址。风向分布对风电机组的出力和风电场的发电效率也有直接的重要影响。风向分布要根据多年的气象数据和实测数据进行统计分析来获得。

（4）年利用时间。年利用时间是指一年中风电机组运行于切入风速和切出风速之间的有效运行时间。通常要求风电场的年利用时间应大于 2000 小时。

2.1.2　宏观选址

宏观选址是对有风资源开发潜力的大块区域进行气象、地形、地质等方面的综合勘测和评估，从该区域内寻找和规划出风资源较为丰富、具有高效开发利用潜力的风电场场址（许昌和钟淋涓，2014）。宏观选址需要考虑的因素较多，通常包括经济、技术、环境、地质、交通、生活、电网和用户。

风电场场址应具备以下条件。

（1）风况好。风电场场址应该具有较高的年平均风速和风功率密度，并且具备良好的风频分布，每年可发电的时间长，风速波动范围小，垂直方向风切变小，风的湍流度小。

（2）风向稳。风电场场址可以有 1～2 个盛行的风方向，二者方向基本相反。如果场址区域内有较为固定的盛行风，则要综合考虑各方面的因素，优化场区内风电机组的部署方案。按照风向统计不同风速出现的频率，用风速分布曲线来描述各个风向上的风速分布，绘制出风向的玫瑰图。

（3）灾害少。场址尽量不要选择台风、雷电、沙尘暴、暴风雪、强盐雾等自然灾害发生比较频繁的地方。即便场址必须选定在上述区域，也要根据该地区的灾害特点、出现频率等情况适应性设计风电机组，以保证风电机组能够适应灾害，并具备灾害防范措施。

（4）地质优。场址要尽量避开候鸟的迁徙路线，尽量减少对动植物及生态环境的破坏；场址要远离火山、地震、泥石流、滑坡、断裂带等地质灾害频繁发生的区域；场址要远离各类文物保护单位、自然文化遗产、考古遗址及古生物化石地质带；场址要与居民的定居点保持适当的距离，以减少声、光的污染。

（5）好施工。场址要部署在强电网地区或靠近强电网，以有利于风电能的并网输出，并减少输电线路的建设成本。风电机组机位应选择在具有良好的基础施工条件以及设备运输条件的地点。

2.1.3　微观选址

微观选址是指在风电场场址内选定各个风电机组的具体地理位置以及彼此之间的相对位置。微观选址的目标是使风电场生产更多的风电能，实现更高的经济效益。微观选址直接影响着风电机组的可利用率、建设投资和运行与维护成本，故微观选址至关重要（王明军等，2016）。由于风电场处于不同的地理环境，选址方法和考虑的主要因素存在一定差异。

1. 地势平缓场址区域内微观布局

若场址区域及周边 5km 范围的地形海拔差不大于 50m，最大地表坡角不大于 3°，则此类风电场的场址通常被认为是地势平缓区域。地势平缓的风电场场址区域内同一等高线上的风速分布可视为风速分布均匀。在平板边界效应影响下，风的风廓线与地表粗糙度直接相关，可通过选配不同高度塔架的方式配置出不同容量的风电机组。

地势平缓的风电场场址区域内，房屋、树木等障碍物对风分布有直接影响。气流流经障碍物时，障碍物对气流有阻碍和遮挡作用，从而改变了气流的方向和速度。障碍物使得地表的粗度更大，影响风的风廓线和风电场场址区域内的流场。因此，微观选址必须考虑场址内的障碍物因素。此外，气流流经障碍物，会在障碍物后方形成尾流。尾流会使风速减小、湍流变大，因此微观选址应充分地考虑障碍物的尾流效应，避免将风电机组部署于障碍物或其他风电机组的尾流区内。图 2.2 为地势平缓地区场址示例。

图 2.2　地势平缓地区场址示例

2. 复杂地形场址区域内微观选址

如果风电场的场址区域地形变化较大，存在丘陵、盆地、树林等地形地貌，则对风电场场址区域内的气流分布影响较大。复杂地形条件下的流场分析难度大，不同地貌的流场分布规律不同。

（1）谷地。如果河谷的走向与风向相同，那么河谷为气流造成了天然的狭小通道，引起河谷内的风速增强。如果河谷的走向与风向垂直，那么河谷地形对气流有阻挡作用，会引起风速减弱。而对于山谷地貌，风受到山谷地貌的影响较大，而且随着季节的变化越发明显。图 2.3 为谷地风电场示例。

图 2.3　谷地风电场示例

（2）山地。山地是指山丘、山脊等地貌。在山地地区，风电场应充分地利用山地的高度抬升作用及对气流的压缩作用，合理地部署风电机组的机位。如果风流经较长的山脊，理论上风速的增量大约为原风速的 2 倍。如果风流经单一山体，风会在山体的周围绕流。风电机组可安装在山丘与盛行风向相切的两侧上半部，从而获得较好的气流加速效果。图 2.4 为山地风电场示例。

（3）近海。在近海地区，海面对气流的摩擦阻力远小于陆地的摩擦阻力。因此，在同样风况条件下，海面风速比陆地的风速要大，因此近海应该是很好的风电场选址区域。海上风电场选址只需要考虑盛行的风向和尾流效应影响即可。图 2.5 为近海风电场示例。

图 2.4　山地风电场示例

图 2.5　近海风电场示例

此外，微观选址不仅要考虑地理、地貌、流场、盛行风等因素，还要在具体的风电机组机位排布方面考虑风电机组的数量、密度、相对位置、地质条件、运输和施工条件等因素，使风电机组的排布疏密适当，从而减少风电机组之间的相互干扰，降低风电场建设投资成本。在有盛行风的平缓地势区域，风电机组可以按照矩阵方式分布，排列方向与盛行风向垂直，风电机组之间彼此错位排布，以减少尾流对风电机组性能的影响。图 2.6 为风电机组之间的尾流影响示例。

图 2.6　风电机组之间的尾流影响示例

通常，如果风电机组的间距是叶轮直径的 10 倍左右，那么风电机组的效率将减少 20%～30%；如果风电机组的间距超过叶轮直径的 20 倍时，则对风电机组效率的影响较小。如果区域内没有盛行风，则可以根据风电场场址区域内的土地面积和风电机组的数量，将风电机组排布成矩形或圆形，风电机组间距也可以适当地加大，为 10～12 倍叶轮直径。

2.2　风电场设施

2.2.1　系统构成

风电场的主要电气设施包括风电机组、变电站和集电线路。这些电气设施共同构成了一个综合的发电系统（朱永强和张旭，2010）。通常，风电场的电气设施可以分为一次系统和二次系统。

一次系统是指由风电机组、送电线路、变压器、断路器等发电、输电、变电、配电设备组成的系统，其中最重要的设施是风电机组、变压器等实现电能生产和变换的设备。这些设施与载流的母线、线路等相互连接，实现了电力系统的基本功能，即电能的生产、变换、分配、输送和消耗。在一次系统中，风电机组负责电能的生产，变压器用于电能的变换，其他用电设备则用于电能的消耗。母线用于电能的汇集和分配，线路用于能量的输送。一次系统是供电系统的主体，是用电负荷的载体。在风电场中，一次系统的主要特点是高电压或大电流。图 2.7 为风电场一次系统接线图样例。

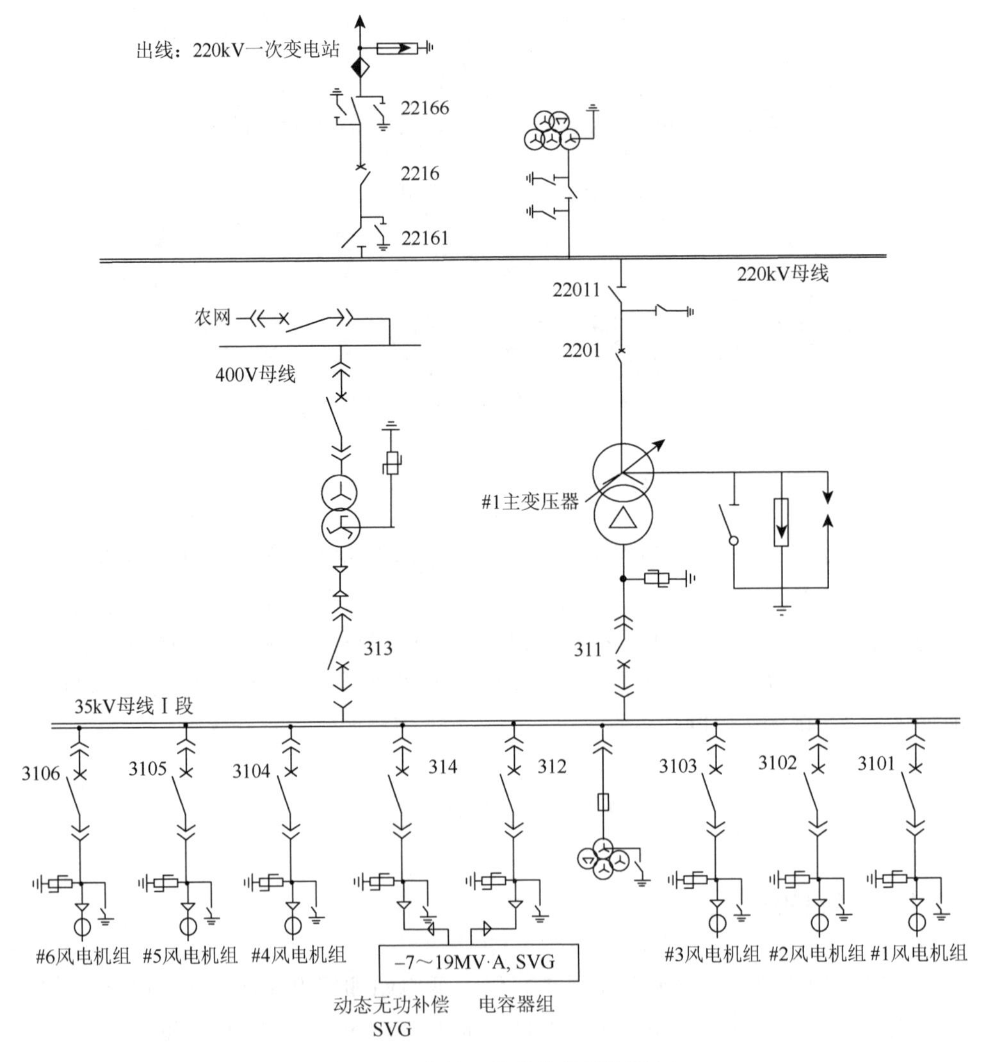

图 2.7　风电场一次系统接线图样例

二次系统也是风电场电气设施的重要组成部分，由各种二次设备相互连接而成，用于监测、控制、调节和保护一次设备。通常，对一次系统设备进行监测、控制、调节、保护以及为一次系统运行和维护提供运行工况或生产指挥信号所需的低压电气设备，统称为二次设备。风电场的二次设备包括熔断器、控制开关、继电器、控制电缆等。由二次设备相互连接，构成对一次设备进行检测、控制、调节、保护的电气回路称为二次回路或二次系统。图 2.8 为二次系统的功能。

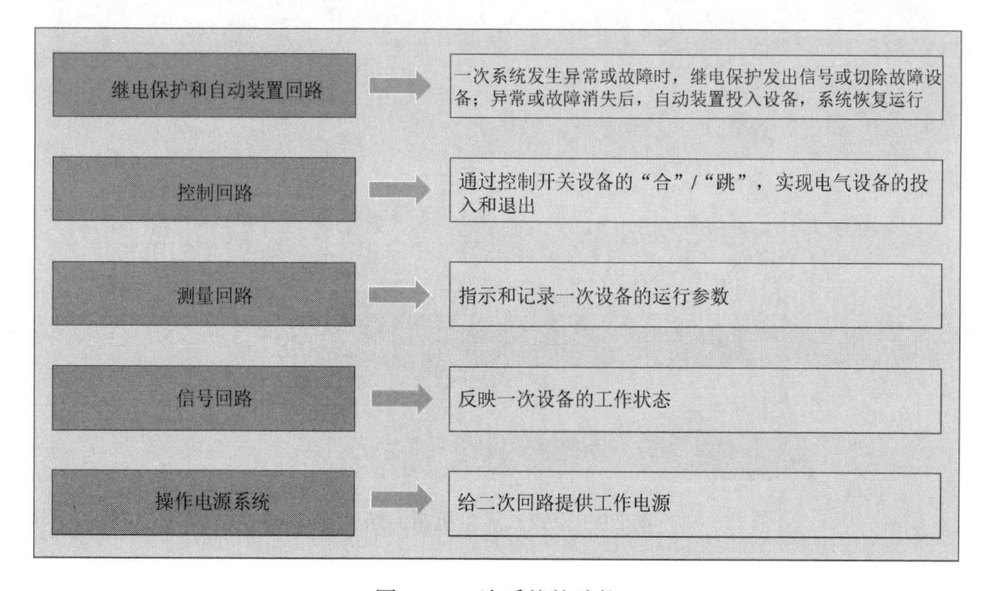

图 2.8　二次系统的功能

2.2.2　关键设施

1. 发电设备

风电机组是风电场一次系统中最重要的设备，是用于捕获风能并将其转化为电能的发电设备。风电机组有双馈式风电机组、直驱式风电机组和半直驱式风电机组等不同类型。

1）双馈式风电机组

双馈式风电机组是发电系统采用异步发电机，发电机的转子和定子可向电网馈电的风电机组。双馈式风电机组的叶轮转速范围为 12～20r/min，而发电机转子的转速范围为 1000～1800r/min。由于发电机转子转速较高，而叶轮转速较低，因此从叶轮到发电机转子需要在传动系统中安装增速齿轮箱。

双馈式风电机组的结构如图 2.9 所示。叶轮将风能转变为机械能，经增速齿轮箱驱动双馈异步发电机，发电机定子直接接入电网，转子通过变流器并网，输出稳定频率、稳定电压的电流。双馈式风电机组所采用的交流励磁双馈式发电机，其结构类似于绕线转子异步电机，只是转子绕组上有集电环和电刷。双馈式发电机的内部电磁关系既不同于普通的异步发电机，也不同于同步发电机，但却同时具有二者的一些特性。

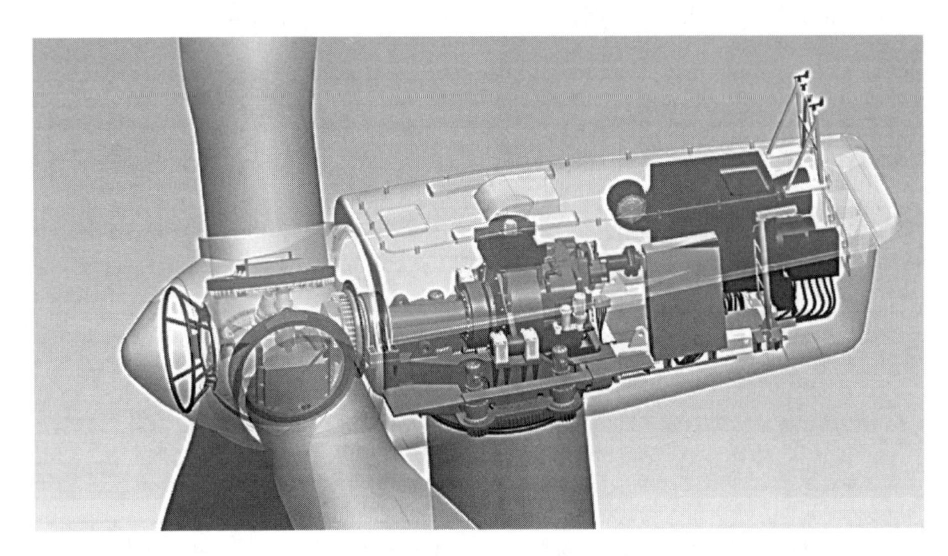

图 2.9　双馈式风电机组的结构

双馈式风电机组的主要特点如下。

（1）双馈式发电机的转子转速在同步转速上下 30%范围内变化。这简化了调整装置，减少了调速时的机械应力，使风电机组的控制更加灵活方便，可提高风电机组的效率。

（2）发电机需要控制的功率只是发电机额定容量的一部分，这样使得变流器的体积更小。

（3）双馈式发电机的有功功率和无功功率可以独立调节。

（4）双馈式风电机组需要安装增速齿轮箱，而且随着双馈式风电机组的容量越做越大，齿轮箱的成本也变得越来越高。

（5）双馈式风电机组的齿轮箱是比较容易出现故障的关键部件之一，也是风电机组噪声污染的主要源头。

（6）双馈式风电机组在低负荷运行时，其效率很低。

（7）双馈发电机的转子绕组带有集电环、电刷，因此双馈式发电机的故障率偏高。

（8）双馈式风电机组的控制系统十分复杂。

2）直驱式风电机组

直驱式风电机组是一种采用多极永磁发电机的风电机组，由叶轮直接驱动发电机转子转动，无须中间增速传动系统。由于永磁直驱式风电机组不带增速齿轮箱，因此减少了增速齿轮箱所带来的不利影响。永磁直驱式风电机组的结构如图 2.10 所示。

图 2.10　永磁直驱式风电机组的结构

直驱式风电机组的电机轴直接连接到叶轮，转子转速随风速改变，发电频率随之波动。风电机组经过全功率变流器将发电机输出的电流逆变成与电网同频的电流。永磁直驱式风电机组的传动系统部件少，因此永磁直驱式风电机组的可靠性很高、噪声很小，而且永磁发电技术和变速恒频技术的采用也提高了永磁直驱式风电机组的整机效率。但永磁直驱式风电机组采用了多极低速永磁同步发电机技术，这导致发电机的直径很大、制造成本很高，而且随着风电机组容量的增大，发电机的设计制造难度也不断加大。此外，永磁直驱式风电机组的定子绕组绝缘等级要求较高；全容量变流器的成本较高，增加了电气和控制系统的成本；机舱的重心向前偏置，这也造成永磁直驱式风电机组的设计和控制难度加大。图 2.11 为半直驱式风电机组结构。

3）半直驱式风电机组

双馈式风电机组和直驱式风电机组各自的缺点比较明显。为了解决这一问题，工程人员发明了一种新型的风电机组——混合式风电机组，俗称半直驱式风电机组。半直驱式风电机组采用中传动比的增速齿轮箱。这使得传动系统的部件数量有所减少，直接降低了齿轮箱等设备故障发生的概率，间接降低了由传动系统引起的功率损失。

图 2.11　半直驱式风电机组结构

美国可再生能源实验室（National Renewable Energy Laboratory，NREL）在风电机组传动系统的研究报告中指出：直驱式、半直驱式和双馈式三类风电机组中，直驱式风电机组的度电成本最高，且其随着容量的增加而增加，双馈式风电机组的度电成本居中，而半直驱式风电机组的度电成本最低。图 2.12 为 NREL 研究报告对不同传动系统度电成本的估算。

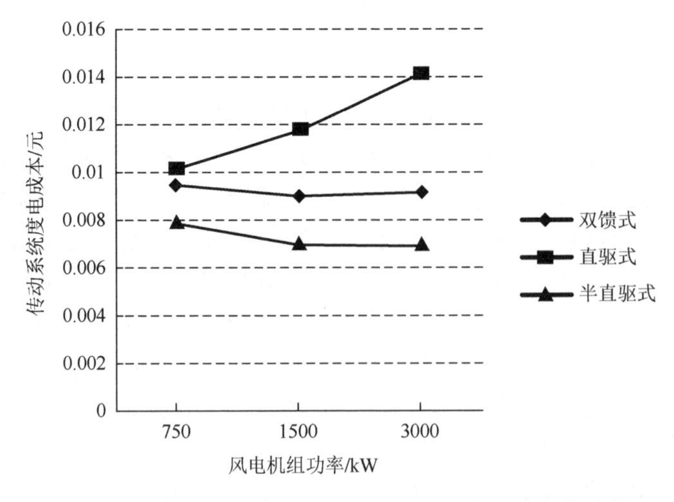

图 2.12　NREL 研究报告对不同传动系统度电成本的估算

表 2.1 为不同种类 3MW 风电机组度电成本比较。

表 2.1　不同种类 3MW 风电机组度电成本比较

科目	3MW 双馈式风电机组	3MW 直驱式风电机组	3MW 半直驱式风电机组
产品成本/美元	1932264	2029018	1937357
利润率/%	15	15	15
购买价格/美元	2222104	2333371	2227961
风电场平衡成本/美元	495000	495000	495000
初始资本成本/美元	2717104	2828371	2722961
固定费用率/%	10.56	10.56	10.56
年运行和维护成本/元	46872	41485	46255
年发电量/(kW·h)	9764952	9950531	9841388
能耗费用/[美分/(kW·h)]	3.42	3.42	3.39

NREL 编写的另外一份研究报告显示：

（1）半直驱式风电机组成本比双馈式风电机组成本高 1%，而直驱式风电机组的成本比双馈式风电机组的成本高 14%。

（2）整机度电成本方面，直驱式风电机组与双馈式风电机组相当[3.42 美分/(kW·h)]，而半直驱式风电机组在三者中最低[3.39 美分/(kW·h)]。

（3）两份研究报告中有关半直驱式风电机组整机度电成本的分析一致，即半直驱式风电机组的经济性最好。

根据以上三种类型风电机组的成本和特点，全球许多风电机组整机制造企业会根据企业自身的设计能力、生产条件、供应链以及市场对象等具体情况，采用不同的产品路线。表 2.2 为全球各大风电整机供应商的产品路线。

表 2.2　全球各大风电整机供应商的产品路线

企业	维斯塔斯	型号	V63-1.5MW	V80-2.0MW	V90-3.0MW	V112-3.0MW	V120-4.5MW
		技术	双馈式	双馈式	双馈式	高速永磁	双馈式
	通用电气	型号	1.5s	1.5sle	2.5XL	3.0SL	3.6SL
		技术	双馈式	双馈式	高速永磁	高速永磁	双馈式
	金风科技	型号	GW1.5MW	GW2.5MW	GW3.0MW	GW6.0MW	—
		技术	直驱式	直驱式	直驱式	直驱式	—
	西门子	型号	SWT-2.5	SWT-3.0	SWT-3.6	SWT-7.0	SWT-8.0
		技术	双馈式	直驱式	双馈式	直驱式	直驱式
	联合动力	型号	UP1500	UP2000	UP3000	UP6000	—
		技术	双馈式	双馈式	双馈式	双馈式	—

续表

企业	广东明阳	型号	MY1.5/2.0MW	MySE3.0MW	SCD3.0MW	SCD6.0/6.5MW	—
		技术	双馈式	半直驱式	半直驱式	半直驱式	—
	远景能源	型号	EN2.2	EN2.3	EN2.5	EN4.2	EN4.5
		技术	双馈式	双馈式	双馈式	双馈式	双馈式
	爱纳康	型号	E70	E103	E126EP4	E138EP3	E141EP4
		技术	直驱式	直驱式	直驱式	直驱式	直驱式
	海装风电	型号	2MW	2.5MW	5.0MW	—	—
		技术	双馈式	双馈式	高速永磁	—	—

2. 变压器

变压器是利用电磁感应原理进行电压变换的电气设备。电力变压器是指电力系统中使用的变压器，主要作用是进行电压变换，将一个电压等级变换为同频率的另一个电压等级。在有风电机组接入的电力系统中，风电机组与用电负荷之间距离较远，需要通过输电线路将电能从风电机组和风电场输送给远方的用电负荷。

电能的远距离输送一般用三相正弦交流电，在电能输送功率不变的情况下，电压等级越高则输电导线中的电流越小，输电导线的截面积就越小。这有利于节约输电线路的建设成本。同时，在输送过程中，电能会在输电导线中产生一部分功率损耗和压降。输电电流减小，功率损耗和压降也会越小。

因此，风电场输电线路应选择适当的导线，既可以提高电能的输送功率，还可以降低输电线路的功率损耗，电压质量也将得到有效改善。但是，输电电压越高，要求输电线路的绝缘等级就越高，会造成输电线路的建设成本随之增大。因此风电场要根据电能的输送功率和输送距离选择合适的输电电压等级。输送距离远且输送功率大，则输电线路宜采用高电压等级。这需要在风电场一侧利用变压器将电压升高。由此看来，电力变压器在电能的输送、分配和使用中意义十分重大。

电力变压器通常采用油浸式变压器，即用油作为绝缘和冷却的介质。油浸式变压器由铁心、绕组、用于调整电压变比的分接头、分接开关、油箱以及其他辅助设备构成。根据变压器的变压次数，变压器可以做成多级。风电场通常采用二级或三级升压的变压器结构。

通常，风电机组的出口处会安装满足容量输送要求的变压器，将电压等级从690V 提升到 10kV 或 35kV，经汇集后送至风电场的升压变电站，再经由变电站中的升压变压器将 10kV 或 35kV 电压变换为 110kV 或 220kV 的电压，最后并入电网。

通常，风电场会用多个变压器。风电机组出口处安装有一个变压器，称为箱式变压器。变电站中会安装将风电场输出电能并入电网的变压器，称为主变压器。此外，为了满足风电场及升压变电站自身的用电需求，通常会安装场用变压器。

1）箱式变压器

箱式变压器将风电机组输出的 690V 电能升高到集电线路的 35kV 或 10kV。每台风电机组都配备一台箱式变压器。它们安装在风电机组塔筒外的地面上。

箱式变压器由高压室、变压器室和低压室组成。根据结构不同及采用元器件的不同，箱式变压器分欧式箱式变压器、美式箱式变压器两种典型风格。我国于 20 世纪 70 年代后期，从法国、德国等国引进及仿制的箱式变电站，结构上采用高、低压开关柜的变压器组成方式，称为欧式箱式变压器。欧式箱式变压器的外形酷似房子。20 世纪 90 年代，我国引进了美国箱式变电站，结构上将负荷开关、环网开关和熔断器结构简化放入变压器油箱，其避雷器也采用氧化锌避雷器，其变压器取消油枕，使油箱和散热器暴露于空气中。这种箱式变压器称为美式箱式变压器。此外，我国仿照美式箱式变压器的形式，研制出了华式箱式变压器。华式箱式变压器是在美式箱式变压器基础上，将负荷开关放在油箱的外面。图 2.13 为两种类型的箱式变压器。

(a) 欧式箱式变压器

(b) 美式箱式变压器

图 2.13　两种类型的箱式变压器

箱式变压器的作用是将风电机组发出的 690V 电能经过升压变换为 35kV 或 10kV，再通过地埋电缆或架空线路输送到风电场的升压变电站。风电场所采用的

35kV（或 10kV）箱式变压器有以下几方面的技术特点。

（1）低进高出的连接方式。风电用箱式变压器电源从低压侧 690V 进线，高压侧 35kV 或 10kV 出线，进出线均采用电缆连接方式，用 690V/35kV 或 10kV 的升压变压器，升压至 35kV 或 10kV，然后连接到 110kV 或 220kV 升压变电站的 35kV 侧配电装置。

（2）高压侧避雷器。箱式变压器的高压侧配置避雷器，以便于与风电机组的过电压保护装置组成过电压吸收回路。因此，高压侧的绝缘设计应充分地考虑避雷器残余电压对高压侧电气设备的影响。

（3）使用环境恶劣。我国风资源丰富的地区大多分布在东部沿海和三北地区，具有温差大、风沙大、腐蚀强等特点。箱式变压器长期暴露在这种恶劣的野外环境。因此，沿海地区风电场所采用的箱式变压器应考虑防盐雾和湿热环境条件；三北地区风电场所采用的箱式变压器应考虑超低温、大温差和风沙侵蚀等影响。

（4）过载时间少。箱式变压器的容量比风电机组的容量大，并且风电机组大多采用了先进控制技术，具有自诊断功能，因此当风电机组过载时会自动限速或直接停机，因此不会造成变压器的过载。

2）主变压器

主变压器是风电场升压变电站的核心部分。主变压器用于风电场的升压变电站，作用是将风电机组生产出的电能并入高电压等级的电网。

主变压器由变压器身、油箱、保护装置、冷却系统、出线套管等部件组成。变压器身由铁心、线圈、引线及绝缘等组成，直接进行电磁能量转换。油箱由箱体、箱盖、箱底、附件等组成，变压器身浸入到油箱里。油箱是变压器油的容器，保证浸入变压器身的绝缘强度和规定的寿命，不允许外界的空气、水分进入油箱，要求始终保持油不渗漏，并有一定的机械强度，以满足运输和安装作业要求。保护装置由储油柜、油表、净油器、流动继电器、吸湿器、信号式温度计等组成。冷却系统由冷却器、潜油泵、通风电机组等组成。此外，主变压器内部还要加注变压器油。

主变压器的容量较大，对可靠性的要求高。主变压器故障率极低，但是一旦出现故障就会造成重大的经济损失，轻则造成设备故障，重则引发火灾，危及风电场的安全。主变压器的容量选择应该满足风电场的电能输送要求，即应该保证将低压母线上的最大剩余功率全部输入电网。最大剩余功率是指风电机组生产的额定功率减去本地所消耗的功率。风电场的升压变电站通常有多台主变压器并列运行，如果其中容量最大的变压器因故障退出运行，要求主变压器在允许的正常过负荷范围内，能够输送母线最大剩余功率。

图 2.14 为主变压器。

图 2.14　主变压器

3. 配电装置

配电装置是风电场接收和分配电能的装置，是风电场电气主接线的具体实现，用于完成进出线回路之间的连接。配电装置包括母线、断路器、隔离开关、互感器等电气设备，还包括继电保护装置、测量表计以及架构、电缆沟、房屋通道等辅助设备。配电装置是集电力、结构、土建等技术于一体的整体装置，最终用于实现发电机、变压器、线路等回路的连接。

配电装置实现了风电机组、变压器、线路之间的电能的汇集和分配。上述设备由母线和开关电器连接，母线和开关电器的不同组织连接构成了不同的接线形式。配电装置分为装配式和成套式两种。装配式配电装置是由生产企业根据要求将配电装置内的开关电器、互感器等组成设备成套地运至现场，在现场安装成配电装置。成套式配电装置常用于室内，包括低压配电屏、高压开关柜、气体全封闭组合电器（gas insulated switchgear，GIS）等，其中气体全封闭组合电器也可根据实际情况部署于室外。

气体全封闭组合电器将断路器、隔离开关、快速或慢速接地开关、电流互感器、电压互感器、避雷器、母线、出线套管等元件，按照风电场主接线要求依次连接，组成整体并全部封闭于接地的金属外壳内部。

变电站的室内配电装置按布置形式可分为三层式、二层式和单层式。三层式将所有电器依重量和体积分别布置于各层；二层式将断路器和电抗器布置于第一层，而将母线、母线隔离开关等设备布置于第二层。室内配电装置通常将同一回路的电气设备和导体布置于一个间隔，各间隔依次排列成列，按列数可分为单列布置和双列布置。图 2.15 为风电场变电站配电装置。

图 2.15　风电场变电站配电装置

2.3　软 件 架 构

风电场硬件设施为风电场提供了基础设施和运行条件，而现代化的风电场还应配备各类软件系统。软件系统的应用实施将使风电场的控制、管理、监测、分析、评估和预测等工作实现智能化和自动化，可以降低风电场的人力成本，提高风电场的工作效率。

目前，风电场常用软件主要包括数据采集与监控系统、振动监测与分析系统、综合自动化系统、能量管理系统等。

2.3.1　数据采集与监控系统

数据采集与监控（supervisory control and data acquisition，SCADA）系统是帮助风电场运行与维护人员管理、控制、监视风电机组运行数据的软件系统（王磊等，2016）。风电机组的控制、保护、测量、报警等信号均在采集、控制保护柜内处理成数据信号，经过通信总线传输和存储于风电场中央监控室的数据服务器，并作为设备能效分析、历史事件追踪和事故责任认定的依据。风电场运行与维护人员通过监控计算机调用数据采集与监控系统，查看风电机组的实时运行状态数据。数据采集与监控系统允许运行与维护人员通过中央监控室的计算机远程控制风电机组。数据采集与监控系统包括硬件和软件两部分，分别是部署于风电机组上的传感器和安装于中央监控室的软件系统。图 2.16 为数据采集与监控系统部署架构。

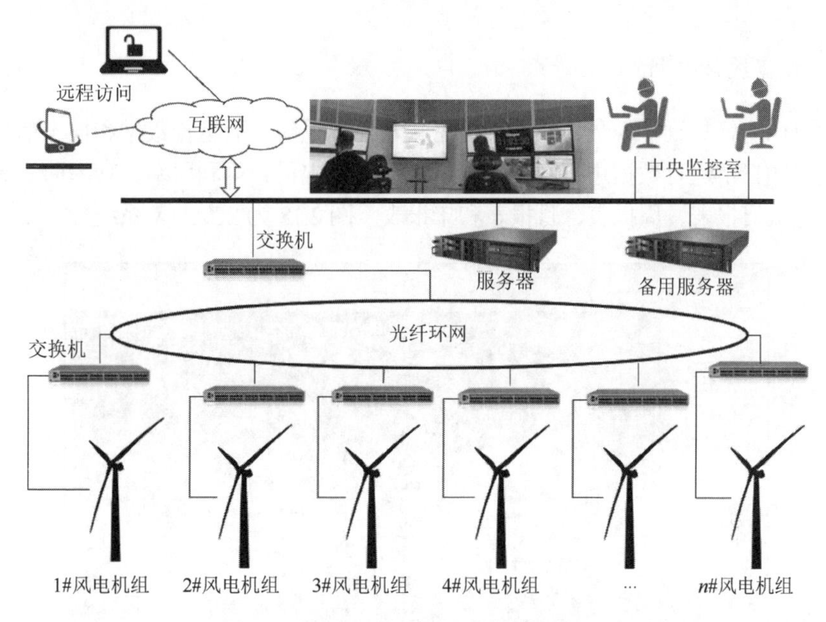

图 2.16　数据采集与监控系统部署架构

数据采集与监控系统的功能如下所示。

1. 运行状态监测

数据采集与监控系统允许运行与维护人员在中央监控室内远程查看风电机组的有功、无功、转速等运行状态，风速、风向、温度等外环境状况，机舱温度、发电机温度、齿轮箱温度、振动等内环境参数，启动、并网、急停、维护等运行日志以及故障信息等。图 2.17 为风电机组 SCADA 系统实例。

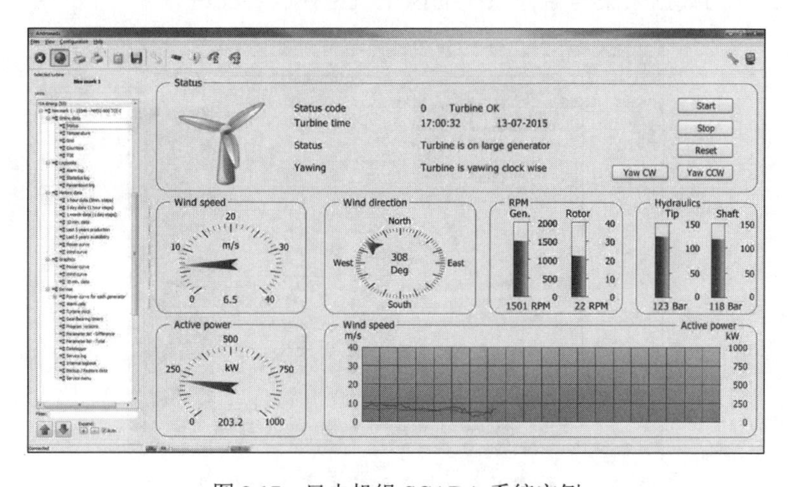

图 2.17　风电机组 SCADA 系统实例

2. 数据统计分析

风电场运行与维护人员可通过数据采集与监控系统获取运行数据和日志信息，对风电机组的日常运行数据进行统计和分析，获得发电量、可利用率、功率曲线等计算结果，生成日报表、周报表、月报表和年报表。图 2.18 为 SCADA 系统数据统计。

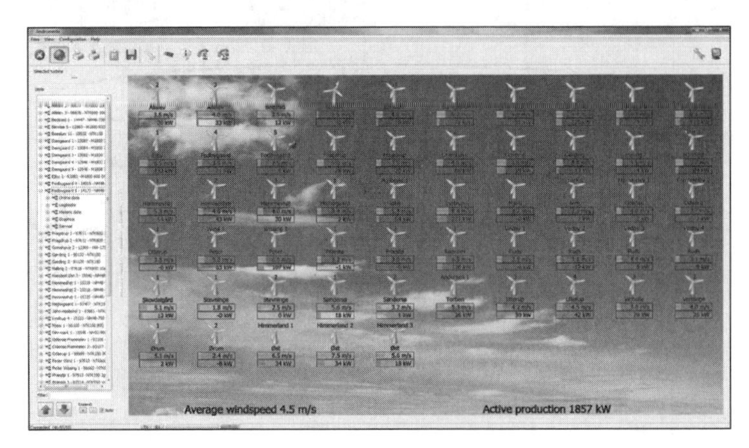

图 2.18　SCADA 系统数据统计

3. 风电机组远程控制

风电场运行与维护人员通过数据采集与监控系统的控制视图实时控制风电机组的启停。在数据采集与监控系统的风电场总览视图，可按运行与维护人员的选择而显示出不同风电机组的重要实时参数，其中部分参数和数据通过趋势图可以直观观察。此外，运行与维护人员能够实时掌握风电场中各个风电机组的故障状态。图 2.19 为数据采集与监控系统的风电机组控制界面。

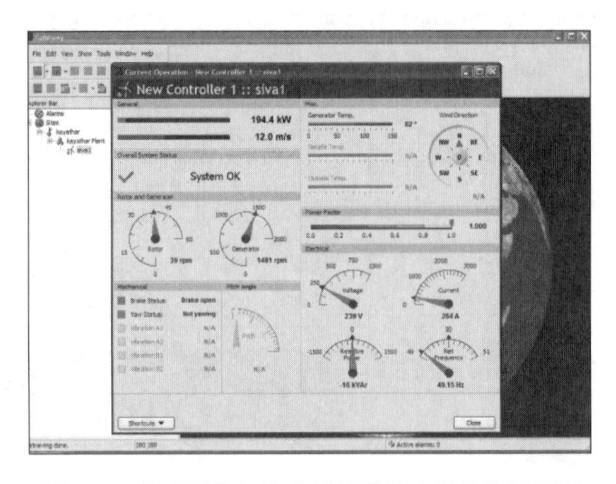

图 2.19　数据采集与监控系统的风电机组控制界面

4. 风况数据收集与统计

风电场运行与维护人员通过风况统计视图查看风电场实时的风速、风向数据。数据采集与监控系统在极坐标图上，利用离散点绘制风电场在某一时段内各风向出现的频率或各风向的平均风速和风功率，也可绘制风电场的风玫瑰图。

5. 绘制功率曲线

数据采集与监控系统可依据收集的风电机组实时风速、实时发电机输出功率等数据，绘制散点图，形成风电机组的风速-功率曲线以及风速功率报表。图 2.20 为功率曲线。

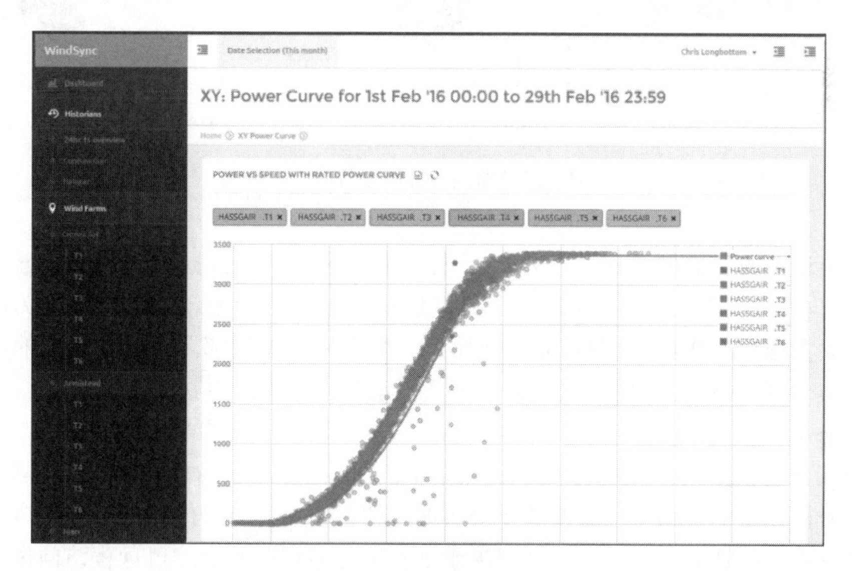

图 2.20　功率曲线

2.3.2　振动监测与分析系统

风电机组振动监测与分析系统是通过在风电机组的特定位置安装的振动传感器，捕捉获得齿轮箱、发电机等关键部件的振动、速度、功率等信号，再通过专用的数据采集分析装置进行振动及相关信号的定时采集和分析处理，由此获得风电机组各主要设备的运行和磨损状况，从而对风电机组可能发生的故障、隐患和使用寿命进行判断和预估，为风电机组的维修提供指导和建议。这有利于及早消除风电机组的故障隐患，避免恶性事故的发生和发展，提高设备的可靠性，降低设备的维修成本。图 2.21 为振动监测与分析系统的拓扑结构。

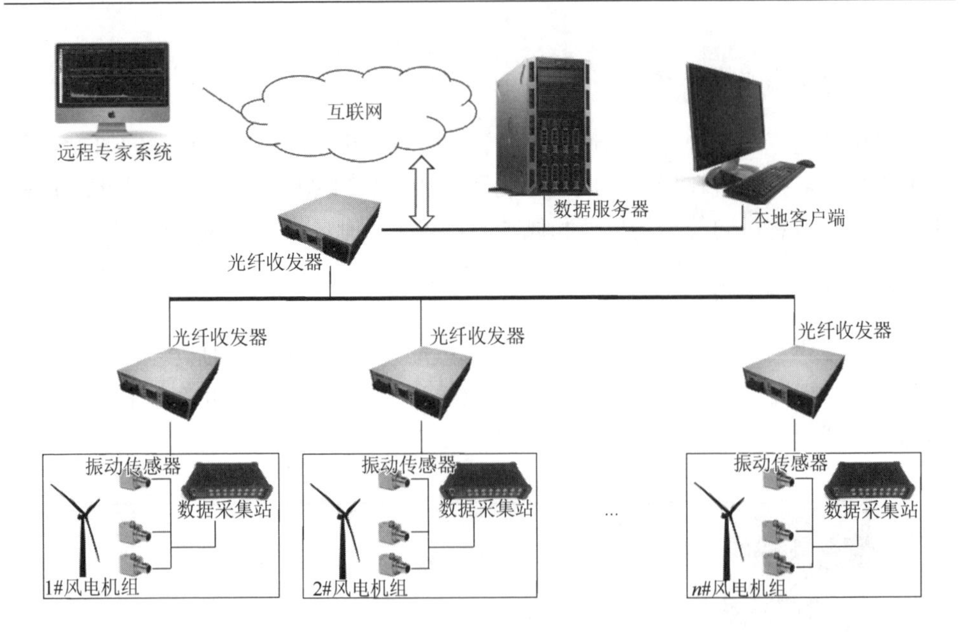

图 2.21　振动监测与分析系统的拓扑结构

振动监测与分析系统由振动传感器、数据采集站、数据分析系统、分析服务器等构成。振动传感器部署于风电机组的主轴承、齿轮箱、发电机等关键部件，大多数风电机组部署有 16 路传感器。数据采集站被部署于风电机组的机舱内，与 16 路振动传感器相互连接，搜集振动传感器信号并进行滤波处理，输出可供分析的振动信号。数据分析系统对数据采集站发送来的数据进行时域分析和频域分析。数据分析系统分为在线式和离线式两种。离线数据分析系统与在线数据分析系统的区别是前者部署于分析服务器，可由运行与维护人员利用本地计算机调用和统计分析，而后者则部署于远程服务器或云平台，可远程访问风电机组的振动信号。

此外，在线振动分析系统是振动分析系统的发展趋势，并且逐步向智能化方向发展。

2.3.3　综合自动化系统

风电场综合自动化系统将电力系统自动化技术与计算机及其通信技术、电力电子技术相结合，实现对风电场二次设备的功能进行重新组合和优化，对风电场的所有设备实施监视、测量和控制。

风电场综合自动化系统采用微机保护和微机远动技术，分别采集风电场升压变电站的模拟量、脉冲量、开关状态量及非电量信号，按预定程序和要求实现风电场变电站监视、测量、协调和控制自动化的集合和全过程，实现数据和资源共享，以提高风电场变电站自动化的整体效益。

风电场综合自动化系统的主要特征如下所示。

（1）功能综合化。综合自动化技术是在计算机技术、数据通信技术、软件模块化基础上发展起来的，集保护、测量、监控功能于一体。

（2）结构微机化。系统内主要部件采用微机化分布式结构，由网络总线连接，微机保护、数据采集、监视控制等环节的中央处理器并行运行。

（3）操作监视屏幕化。由屏幕数据代替指针表。变电站设备运行中的监视、操作、控制均可在计算机屏幕上实施。

（4）运行管理智能化。智能化功能包括自动报警、自动报表、电压无功自动调节、小电流接地自动选线、事故判断与处理等，还可实施在线自动诊断。

风电场综合自动化系统的主要功能如下所示。

（1）数据采集和处理。数据采集的范围包括模拟量、开关量、电能量以及其他装置的数据。模拟量包括电流、电压、有功功率、无功功率、功率因素、频率以及温度等信号或数据，能实现实时采集、越限报警和追忆记录。开关量包括断路器、隔离开关以及接地刀闸的位置信号、继电保护装置和安全自动装置动作及报警信号、运行监视信号、变压器有载调压分接头位置信号等，能实现实时采集、设备异常报警、事件顺序记录和操作记录。

（2）数据库及其维护。数据存储和维护的范围包括模拟量、开关量、电能量以及其他装置的数据。数据库包括实时数据库和历史数据库。实时数据库存储了监控系统采集的实时数据，数值根据运行工况实时变化而不断更新，记录被监控设备的当前状态；历史数据库存放了需要长期保存的重要数据。数据库应具有一定的开放性、可扩充性和可维护性，以保证数据安全一致并能够人机交互修改。

（3）监视。风电场综合自动化系统能够自动或根据风电场运行与维护人员的指令，通过监视器屏幕实时显示各种监视画面，包括系统运行工况监视、变电站一次系统运行状态监视、变电站二次系统运行状态监视等。显示画面包括：电气主接线、所用电接线图、直流系统图和交流不停电电源系统图、自动化系统运行工况图、变化曲线及历史趋势图、报警画面、运行操作记录、事故及故障统计、事故追忆记录报告或曲线、事件顺序记录的当前和历史报告、继电保护管理信息。

（4）控制操作。风电场综合自动化系统的控制对象包括各电压等级的断路器以及隔离开关、电动操作接地开关、主变压器及所用变压器分接头位置、站内其他重要设备的启动/停止等。控制操作包括手动控制、自动控制两种控制方式。手动控制包括远方集中控制中心控制、变电站中央监控室控制、就地手动控制，并必须具备不同控制之间的控制切换功能。通常控制优先级按照就地手动控制、变电站中央监控室控制、远方集中控制中心控制的顺序，不同优先级之间相锁，同一时刻只允许一种控制。自动控制包括顺序控制和调节控制，由风电场运行控制人员设定是否采用自动控制，由运行控制人员投入或退出自动控制，而不影响正常运行。顺序控制是指按设定步骤顺序进行操作，即设备从当前状态到目标状态由程序控制进行系列操作。调节控制是指对电压、无功的控制目标值等进行设定后，系统自动按要求的方式对电压-无功进行联合调节。

（5）报警处理。风电场综合自动化系统的报警处理分两种，一种是事故报警，另一种是预告报警。事故报警包括保护动作信号和非操作引起的断路器跳闸信号。预告报警包括一般设备变位、状态异常信息、模拟量越限/复限、计算机站控系统的各个部件间隔层单元的状态异常、趋势报警等。

（6）事件顺序记录和事故追忆。事件顺序记录又称SOE（sequence of event），是指在电网发生事故时，以比较高的时间精度记录的发生位置变化的各断路器的编号、变位时刻、动作保护名称、故障参数、保护动作时刻等。事故追忆是对事件发生前后的运行情况进行记录。事故追忆通常设定一定时间范围，在此范围内的所有相关的模拟量和状态量均被记录和追忆，并设定可调节的采样周期。

（7）在线统计计算及制表。风电场综合自动化系统可对所采集的各种电气量的原始数据进行工程计算，对变电站运行的各种常规参数进行统计分析，对变电站主要设备的运行状况进行统计和计算，充分利用各种数据，生成不同格式的生产运行报表。

（8）防误闭锁。风电场综合自动化系统具有防止误拉、误合断路器，防止带负荷拉合刀闸，防止带电挂接地线，防止带地线送电，防止误入带电间隔等功能。

（9）电压无功综合控制。电压无功综合控制是根据电压和功率因数的越限情况，将控制策略分为多个区域，每个区域依据不同的调节方式，采取相应的控制策略。

（10）录波。风电场综合自动化系统能够处理装置或故障录波器上传送的录波数据，例如，各个保护由故障开始到给出跳闸信号的动作时间、断路器跳闸时间、故障后第一周波的故障电流有效值和母线电压有效值、断路器重合闸时间、再次故障相别及跳闸相别、各个保护动作时间、再次跳闸时间、再次故障后第一周波的故障电流有效值和母线电压有效值等；风电场综合自动化系统提供了录波分析软件以方便查看录波数据；风电场综合自动化系统将记录的电流、电压及导出的阻抗和各序分量形成矢量图，显示阻抗变化轨迹，并可对故障数据进行谐波分析。

（11）人机交互。风电场综合自动化系统为风电场运行与维护人员与中央控制室计算机对话提供了人机交互窗口，交互操作内容包括调用、显示和复制各种图形、曲线、报表；发出操作控制命令；数据库定义和修改；各种应用程序的参数定义和修改；查看历史数值以及各项定值；图形及报表的生成、修改、打印；报警确认，报警点的退出/恢复；操作票的显示、在线编辑和打印；日期和时钟的设置；运行文件的编辑、制作；主接线图人工置数功能；主接线图人工置位功能。

（12）系统自诊断和自恢复。风电场综合自动化系统具有自监测功能，提供相应的软件给风电场运行与维护人员，使其能对计算机系统的安全与稳定进行在线监测；系统应能够在线诊断系统硬件、软件及网络的运行情况，一旦发生异常或故障应立即发出告警信号并提供相关信息；系统应具有看门狗和电源监测硬件，系统在软件死锁、硬件出错或电源掉电时，能够自动保护实时数据库。在故障排除后，能够重新启动并自动恢复正常的运行。某个设备的换修和故障，应不会影响其他设备的正常运行。图2.22为风电场综合自动化系统的拓扑结构。

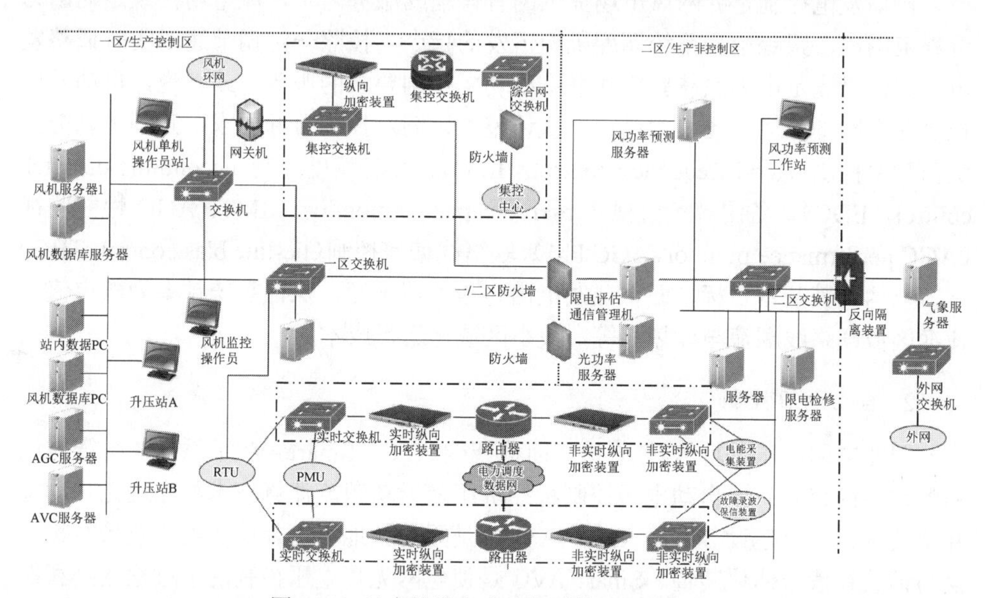

图2.22　风电场综合自动化系统的拓扑结构

注：RTU，remote terminal unit，远程终端单元；PMU，power management unit，电源管理单元

2.3.4　能量管理系统

能量管理系统（energy management system，EMS）是现代电网调度自动化系统总称，主要功能由基础功能和应用功能两个部分组成。基础功能包括计算机、操作系统和EMS支撑系统。应用功能则包括数据采集与监视、自动发电控制与计划、网络应用分析等。

能量管理系统是对风电场能量进行综合管理与配置调度的智能系统，对风电场的有功功率进行智能管理，以达到自由控制风电场上网电量的目的；同时控制风电场的无功功率，使风电场的无功功率输出保持在一定的范围内，通过能量管理系统自动控制无功功率，使得单条集电线路关口处的无功功率控制在绝对值最小状态，即单条集电线路对电网保持既不吸收无功功率也不发出无功功率的状态。

能量管理系统的主要功能有以下两方面。

1. 自动发电控制

自动发电控制（automatic generation control，AGC）是能量管理系统中的一项重要功能，它控制着风电场的出力，以满足不断变化的电网有功需求，并使风电场处于经济运行状态。

自动发电控制是并网风电场提供的有偿辅助服务之一，风电场在规定的出力调整范围内，跟踪电力系统调度机构下发的指令，按照一定调节速率实时调整发电出力，以满足电力系统频率和联络线功率控制要求的服务。或者说，自动发电控制对电网部分风电场出力进行二次调整，以满足控制目标要求，其基本功能为负荷频率控制（load frequency control，LFC）、经济调度控制（economic dispatch control，EDC）、备用容量监视（reserve-capacity monitor，RM）、AGC 性能监视（AGC performance monitor，AGC PM）、联络线偏差控制（tie-line bias control，TBC）等，以达到其基本目标，即保证发电出力与负荷平衡，保证系统频率为额定值，使净区域联络线潮流与计划相等，最小区域化运行成本。

2. 自动电压控制

智能电网电压无功 AVC 系统，简称智能 AVC（Smart AVC）系统，是智能电网的重要内容之一。自动电压控制将经济压差无功潮流计算技术与先进无功动态补偿装置相结合建设 Smart AVC。ASVC 是无功就地平衡补偿、电压波形对称补偿与谐波补偿一体化装置。Smart AVC 是使电网无功电压控制的全过程达到智能化的过程。

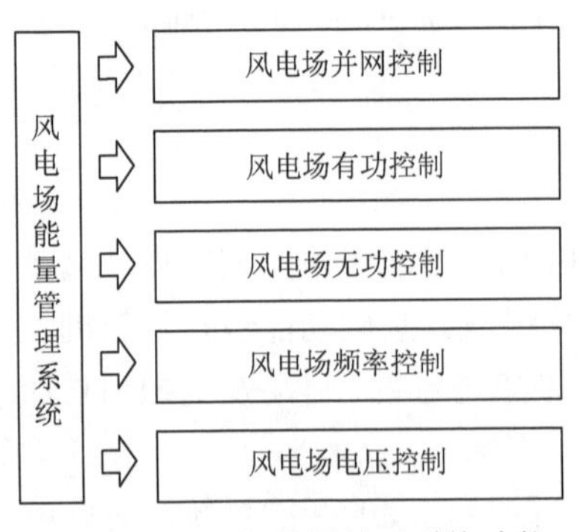

图 2.23　风电场能量管理系统功能

Smart AVC 通过调度自动化系统采集各节点遥测、遥信等实时数据进行在线分析和计算，以各节点电压合格、关口功率因数为约束条件，进行在线电压无功优化控制，实现主变分接开关调节次数最少、电容器投切最合理、发电机无功出力最优、电压合格率最高和输电网损率最小的综合优化目标，最终形成控制指令，通过调度自动化系统自动执行，实现电压无功优化自动闭环控制。图 2.23 为风电场能量管理系统功能。

2.4　管 理 架 构

2.4.1　生产指挥体系

风电场是新能源生产企业的基层生产单位。风电场运行管理任务是提高风电机组等设备的可利用率和可靠性，保证风电场在安全、经济条件下持续输出符合电网质量标准的电能，并确保人身安全。

为了达到运行管理目标，风电场要依据电力系统通行的标准配备运行与维护人员，明确界定人员之间的组织关系、架构和各自职能。风电场的运行与维护人员有场长、值长、值班员、检修员及其他人员。风电场相较于其他大型发电厂，人员规模少、组织机构简单、专业性强，对员工的专业知识和技术业务水平要求高。风电场一般会采用先进的管理方法、管理手段和高效运行组织架构，以便更好地完成工作任务。

通常，风电场配备有先进的生产指挥系统。生产指挥系统在机构设置上充分地适应风力发电行业的特点，做到机构精干、指挥有力、工作高效。生产指挥系统的正常运转能够有力地保证指挥有序、有章可循、层层负责、人尽其职，是实现风电场稳定、安全、高效生产的重要手段。

风电场生产指挥系统以先进的风电场硬件设施为基础，以健全的风电场安全管理体系和制度为保障，借助现代化的风电场软件系统，在全体人员的协同配合下完成高效的风电场运行、监控、检修和管理。图 2.24 为风电场生产指挥系统示意图。

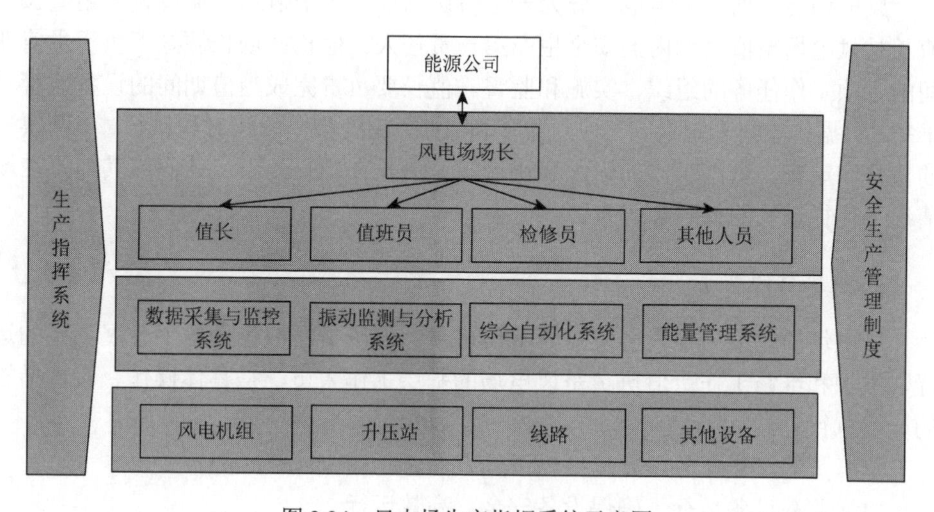

图 2.24　风电场生产指挥系统示意图

2.4.2 人员体系架构

风电场最基本的人员架构包括场长、值长、值班员和检修员。一些较大规模的风电场会配备副场长、副值长、副值班员等关键岗位，个别风电场还会依据设备和任务，设置专职的运检、维修和操作岗位。目前，多数新能源生产企业会根据风电场的装机容量和生产指挥系统需要，灵活地确定岗位数量及分工。

基本人员架构中场长、值长、值班员和职责如下所示。

1. 场长的职责

场长是风电场安全生产的第一责任人和总指挥。场长负责风电场的安全和日常工作任务安排。场长负责贯彻执行企业规定的各项技术、管理、工作和考核标准，并下达企业管理层发出的运行和管理指令。

场长负责及时向新能源生产企业的生产和管理部门汇报风电场的日常工作部署及执行情况，及时汇总和上报设备运行状况。场长负责编制和实施年度、季度、月度的风电场运行和管理计划，对风电场的运行状态和效益负有主要责任。

场长全面负责风电场的安全生产，负责安全生产相关规范和标准的贯彻与执行，坚定贯彻、实施和监督“两票”制度。风电场一旦发生事故、故障和异常情况，场长将作为现场第一责任人参与相关情况的调查和分析，协助解决现场问题。

2. 值长的职责

风电场会根据人员组成，分为若干值班周期，每个值班周期设置一名值长。值长是风电场轮值周期内的安全生产第一责任人。值长在场长领导下负责当值期间的各项工作任务的组织、实施和监督。值长要负责完成当值期间的设备监管和维护、数据的收集和记录、工程的监管和验收、调度指令的核对和执行、“两票”的监督和审查、班组工作的组织和协调等。值长在场长外出、休假或其他不在场情况下代行场长的权限和职责。

3. 值班员的职责

风电场的轮值周期内会安排若干值班员。值班员在值长领导下开展具体的运行、维护和维修工作。值班员是风电场的基层工作人员，是具体操作、管理措施的一线执行者。

值班员的工作任务主要包括以下几方面。

（1）监视设备运行，确保设备安全、高效运行。

（2）掌握风电场设备的运行方式和负荷变化情况。

（3）依据值长下达的指令，准确、快速地进行设备的倒闸操作和故障处理。

（4）在轮值周期内值班，执行例行巡视、设备维护、现场清洁等工作任务。

（5）依据命令正确填写操作票，并依据操作票进行设备操作，或监督他人正确执行操作票。

（6）根据生产计划巡视设备，抄录设备运行数据，计算生产指标，并及时发现和上报潜在安全生产问题。

2.4.3　基本生产指标

1. 主要指标

1）风资源指标

风资源指标用以反映风电场在统计周期内的实际风资源状况，以平均风速、有效风时数和平均空气密度作为主要指标。利用上述指标可综合评价风电场的风资源水平。

风资源的各项评价指标及其含义如下所示。

（1）平均风速。

平均风速是指在规定时间内，在指定测风地点利用测风设备测得的瞬时风速的平均值。通常要求所测风速应为与风电机组轮毂相同或相近高度处的风速。

平均风速的计算公式如下：

$$V = \frac{1}{n}\sum_{i}^{n} v_i \tag{2.1}$$

式中，v_i 为风速瞬时值；n 为风速采样样本数。

（2）有效风时数。

有效风时数是指以风电机组轮毂高度为测量高度基准，由测风设备测得的切入风速与切出风速之间风速的持续时间的累加值。

有效风时数的计算公式如下：

$$T = \int_{v_{\text{in}}}^{v_{\text{out}}} t(v)\mathrm{d}v \tag{2.2}$$

式中，T 为有效风时数；t 为某一有效风速出现的时长；v_{in} 为切入风速；v_{out} 为切出风速。

（3）平均空气密度。

空气密度会随着气候、季节和天气状况发生变化，而空气密度是计算风功率及风功率密度的重要参数。平均空气密度是指在规定的测量周期内测得的空气密度的平均值。

2）发电指标

发电指标是反映风电场在规定测量周期内的出力情况和设备运行状态的重要指标，包括发电量、上网电量和满发小时数等指标。

（1）发电量。发电量包括风电机组发电量和风电场总发电量两项指标。风电机组发电量是指风电机组的输出电能，全部风电机组发电量的总和为风电场总发电量。

（2）上网电量。上网电量是指风电场并入电网，在规定时间内向电网输送的电量总数。

（3）满发小时数。满发小时数是指风电机组在规定时间内处于额定功率运行的总时长。

3）能耗指标

能耗指标用于评价风电场自身消耗或损耗电能的水平，用于评价风电场的产出率和效益情况。能耗指标包括场用电量、场用电率、场损率和送出线损率 4 项指标。

（1）场用电量。场用电量指风电场中的场用变压器计量指示的正常生产和生活用电量。

（2）场用电率。场用电率是指风电场场用电变压器计量指示的正常生产和生活用电量（不包含基建、技改用电量）占全场发电量的百分比。

（3）场损率。场损率是指消耗在风电场内输变电系统和风电机组自用电的电量占全场发电量的百分比。

（4）送出线损率。送出线损率是指消耗在风电场送出线的电量占全场发电量的百分比。

2. 设备指标

设备指标是反映风电机组等风电场主要设备运行可靠性和经济性的指标，通常用可利用率来描述。可利用率是每年度设备实际使用时间占计划用时的百分比。可利用率分为风电机组可利用率和风电场可利用率。

1）风电机组可利用率

从总时间中减去由维修、故障导致停机的非运行时间，其余时间与总时间之比，称为风电机组可利用率。风电机组可利用率反映了风电机组的运行可靠性和运行效率。非运行时间中不包括因电网故障、极端天气条件、地震等不可抗力、例行检修等导致的停机时间。

2）风电场可利用率

从总时间中减去由风电场内设备故障导致的风电机组停机和风电机组因维修及故障而停机的非运行时间，其余时间与总时间之比，称为风电场可利用率。风电场可利用率可反映风电机组及风电场内输变电设备的运行可靠性和运行效率。此处所指的非运行时间不包括因极端天气条件、地震等不可抗力以及例行检修等导致的停机时间。

3. 运行和维护指标

运行和维护指标是指用来描述风电场实际运行和维护成本的经济指标。风电场的运行和维护成本应包含材料、定检、维修、用电、燃油动力、人工、运输、设备租赁、场地租赁、保险、实验、开发等方面的成本。运行和维护指标可以用风电场的单位容量或度电运行和维护成本来综合衡量。

1）单位容量运行和维护成本

单位容量运行和维护成本是指每个统计周期内风电场用于运行和维护方面的总费用与该统计周期内风电场实际装机容量的比值，用以描述风电场单位容量所需消耗的运行和维护成本情况。

2）度电运行和维护成本

度电运行和维护成本是指每个统计周期内风电场用于运行和维护方面的总费用与该统计周期内风电场总发电量的比值，用以描述风电场度电运行和维护成本情况。

第3章　风电场危险因素及其识别

风电场是大型发电类工业企业，存在高速、高压、高处、高成本等“四高”问题，潜藏着各类安全风险。本章将重点介绍风电场及风力发电设备存在的各类安全风险，以及运行与维护人员将面临的各类问题。

3.1　危险影响因素与危险分级

风电场属于发电企业，存在环境、电气、机械、人为、车辆等各种危险因素。一旦危险因素被触发，则极容易造成风电场的人员、设备和环境安全问题。风电场内的各种危险因素对风电场的正常运行都是有害的，必须杜绝、避免或克服。

为了避免危险因素的触发，抑制危险因素的发展，确保危险因素在可掌控范围内，需要对风电场的各类危险点进行识别和分级处理。

风电场的各种设备、各种场合、各种任务的危险程度差别较大，与以下因素有关。

1. 事故可能造成的损失

事故可能造成的损失是指设备、场合和任务等危险点发生危险事故后，经评估其造成的直接和间接经济损失。虽然经济损失不会增加事故发生的概率，但却是评判事故危险程度的权重指标。

2. 发生事故的概率

发生事故的概率是指设备、场合和任务发生危险性事故的可能性或概率。一般发生事故的概率越大，则事故的危险程度越高。高概率事故可能造成的单次经济损失小，但是频繁发生也会造成设备频繁停机、资源损耗和人员费用增加，所造成的直接或间接经营成本增加问题也不容轻视。

3. 诱发事故的条件

事故发生前，造成事故的内因可能已经成熟，只是诱发事故发生的外部条件仍未完全满足。如果诱发事故的条件经常发生或发生概率较高，那么事故的危险程度将大大增加。

综合以上因素，风电场事故评定等级可分为5～6个等级，要根据风电运营企业的实际情况进行划分和具体评定。不同的危险等级，需要风电场运行管理人员采取相应的应对措施。当危险程度值超过中间危险等级时，风电场必须安排专门的工作人员进行工作整改、设备维修、故障处理，并采取事故的预防措施和进行事故应急演练。在一些较为明显的危险点，风电场运行管理人员需要在危险点设置较为醒目的危险标识，以确保施工、巡视、检修、参观等人员的人身安全，同时保证设备安全。

风电场的主要危险点分布于风电机组、电气线路、变电站等设备中，运行管理人员在巡视、操作、维修、施工等环节要加强注意，配备和使用必要的安全防护装备，一旦发现险情要及时汇报，并根据上级指令及时安全处置。

3.2 风电机组危险点及其识别

在风电机组的操作、维修和施工中存在多种危险因素，较为典型的是高空坠落、物体打击、机械伤害、触电伤害、火灾爆炸等五类危险（陈立伟，2018a）。

1. 高空坠落

高空坠落是指人员在高处作业时从高处坠落而造成的冲击伤害。在风电机组运行和维护过程中，运行与维护人员需要经常进入风电机组的机舱和轮毂，开展定检、修理、更换、维护等工作。上述过程除了需要在高空逗留，还要面临塔内爬梯、出舱行走、舱外作业、轮毂内作业等危险操作。

高空坠落危险的主要诱发因素如下所示。

（1）塔内爬梯、支架、平台、踏板及其他结构件在设计制造中存在缺陷或结构件在使用过程中出现松动、断裂等问题。

（2）人员在攀爬过程中存在负载爬高、攀爬不当和穿着不当，或爬梯、平台、踏板、机舱罩等部位存在污物而造成身体失衡。

（3）人员未经批准而使用或变更施工装备，或未按操作规程、操作票、工作票等规范要求进行施工。

（4）人员没有正确佩戴安全带、安全绳等防护装备，或没有按照正确的使用方法使用安全绳、安全带等防护装备。

以上原因均会导致人员从高处坠落，造成重大人员伤亡事故。图 3.1 为风电机组高空操作及坠落风险。

图 3.1　风电机组高空操作及坠落风险

2. 物体打击

在风电机组巡视、定检、安装、维修等工作环节，运行与维护人员也面临潜在的危险物品打击风险。潜在危险物品主要是高空坠物、运行中的施工装备、安装和维修工具、违章抛物、悬挂的物品等。

按照风电场的运行和维修规程，风电机组必须定期进行检查和维护。运行与维护人员在检查、维护风电机组过程中，必须注意避免由于风电机组上的零部件松脱、断裂、剥落，置于风电机组中没有固定的物品和工具滑落，员工之间违章抛掷检修工具或物品等原因造成的物体打击伤害。

3. 机械伤害

在风电机组停机状态下，运行与维护人员才能开展风电机组的检修、保养、维护等环节工作。即便如此，仍不可避免地会发生机械伤害。机械伤害是指运行与维护人员在检修、更换、维护、保养等环节工作时，使用的液压力矩扳手、手电钻、电砂轮、角磨机等电动工具，在高速、高压状态下运转时，可能给运行与维护人员造成的机械伤害。同时，运行与维护人员错误使用上述工具也会造成机械伤害。

此外，运行与维护人员在风电机组的机舱、轮毂等狭小空间内施工时，因身体站位不当或操作不当，也会造成机械伤害。例如，运行与维护人员在轮毂内重新定位和安装叶片时，身体站姿、站位不当会造成磕碰等机械伤害；在机舱内进行设备润滑时，由于设备转动也会对其造成机械伤害。

4. 触电伤害

风电机组属于发电设备，运行于高中电压范围内，对外输出 690V 电压的电能。因此，运行与维护人员在开展风电机组日常定检、维修、保养等操作时，存在一定的触电风险。触电伤害容易发生在以下情况和场合。

（1）运行与维护人员在检查、修理风电机组内部的开关柜、控制柜、端子箱等部位时，如果带电检查或线路中有残余电荷，则存在触电危险。

（2）运行与维护人员在拉合电源开关时若操作不当或触及设备的带电部位，容易发生触电事故。

5. 火灾爆炸

火灾事故在风电机组恶性事故中发生的概率最大。火灾和爆炸等燃烧类事故主要发生于风电机组内部一些充油设备、润滑油箱、电气线路及高压开关柜等处。

风电机组发生火灾或爆炸的主要原因分析如下所示。

（1）风电机组的电气线路没有按照要求和施工标准敷设。电气线路排布不整齐、任意交叉等问题，会造成火灾隐患。

（2）风电机组电气设备的线路接头处理不规范，造成接触电阻值过大。风电机组在此情况下长期运行，可能引发电气设备火灾。

（3）风电机组中电气设备可能会发生火花或电弧放电，存在引发火灾的风险。

（4）风电机组中的高低压开关在断开、闭合线路时，熔断器熔断时可能会产生电弧。如果电弧防护措施不当或失掉防护作用，则可能形成火源。

（5）风电机组的齿轮箱、发电机等部位存有大量的润滑油或润滑脂，油脂因泄漏或高温挥发，会在机舱内形成易燃环境。

（6）风电机组内的齿轮箱、发电机、主轴承等部位均安装有温度传感器，很多风电机组还配有自动消防系统。如果温度传感器或自动消防系统因故失效，不能提供温度状态反馈或消防保护，那么也容易引发火灾（庞渊，2015）。图 3.2 为风电机组火灾。

图 3.2　风电机组火灾

3.3　输电线路危险点及其识别

输电线路是连接风电机组、变电站以及电网的电能传输系统。输电线路按照传输媒介划分，可分为架空线路和电缆线路。架空线路具有线路结构简单、施工周期短、施工费用低、输送容量大、维护检修方便等特点，除了狭窄地面、线路拥挤地区、重要地区、自然保护区等特殊地带，架空输电线路被广泛应用。架空输电线路由绝缘子将导线架设于杆塔之上，并与风电机组、变电站互相连接构成电网，从而达到输送电能的目的。

风电场的输变电过程是：风电机组输出 690V 中高压电能，经箱式变压器转换为 35kV 或 10kV 高电压，同一支路上的风电机组经过集电线路汇至变电站的配电室，并经由主变压器提高到 110kV 或 220kV 高压，最后经变电站并入区域电网。

在风电场的电能传输和转化过程中，电压始终保持在高压范围。运行与维护人员长期在高电压环境下执行工作任务，容易引发各种危险，其中常见危险有触电伤害、高处坠落、物体打击、车辆伤害及其他伤害。

1. 触电伤害

风电场的输电系统中存在诸多触电危险点，如各类电气设备的金属外壳、防护罩、构架等。正常状态下，上述设施并不带电，但是当设备出现故障时，外露的金属导体因意外漏电而带电荷。当运行和维护人员接触输电设备的带电部位时，将会引发触电伤害。

当运行与维护人员靠近高压带电体时，若距离少于规定的最近距离，高压电流将通过运行与维护人员的身体，并将其作为导体，使电流从运行与维护人员的体内通过，从而造成触电事故。触电过程会引发高温电弧，对运行与维护人员的身体造成烧伤。

在雷电、大风以及其他人为因素的作用下，风电场建筑物避雷针的接地点或断落的导线端头着地点附近将有大量的扩散电流流入大地，使周围地面分布不同电位，形成电位差。当运行与维护人员或其他人员进入存在电位差的区域时，会引起跨步电压触电。

当运行与维护人员检查和维护输电线路时，如果未能严格按照风电场的操作规程和相关票据指示执行操作，也会引发运行与维护人员的触电事故。

2. 高处坠落

运行与维护人员在对输电线路进行例行的巡视、检查和维护时，通常要爬到数十米高处执行操作。如果运行与维护人员违反风电场的安全规程，不按票据指示操作，不按相关规定佩戴安全带、安全绳等防护装备，极容易发生高处坠落的事故。

3. 物体打击

当运行与维护人员在对输电线路进行高空作业时，如果下方有其他人员停留，或在作业过程中相互抛接物品和工具，也很容易发生物体或工具的打击事故。

4. 车辆伤害

风电场不像其他发电企业，其占用的面积较大。在输电线路巡视、检修、维护时，运行与维护人员需要借助车辆才能快速到达指定的作业地点。而且风电场的路网复杂，大多是乡村公路或山间土路，需要驾车人员具有良好的驾车技术、遵守相关驾驶规定。如果运行与维护人员在驾车过程中违反相关规定、疏忽大意或驾车技术不佳，则有可能发生交通事故，会给车内人员造成伤害。

5. 其他伤害

冬季，在风电场中从事野外作业的运行与维护人员极容易面临低温危害。当风电场的户外平均气温小于或等于 5℃时，即可称为低温环境。中国西北地区、内蒙古自治区、东北地区等的冬季平均气温远低于 5℃，通常称为高寒环境。在高寒环境下，风电场的日常巡检、维修和安装等冬季露天作业，运行与维护人员遭受低温伤害的概率更高。

当运行与维护人员长期在低温环境中作业时，身体会受到低温的不良影响，长时间连续作业会出现手脚僵冷、动作不灵活以及皮肤冻伤等问题，影响风电场的作业安全。

此外，西北地区、内蒙古自治区和东北地区冬季会出现地面结冰、积雪等现象，路面光滑。当运行与维护人员在风电场内穿行，开展例行线路巡检时，作业人员也极容易发生滑倒、跌伤等事故，需要风电场做好预防。

3.4　变电站危险因素及其识别

变电站中除了风电机组及其输电线路的一次回路和二次回路，还包括监控软件和站内建筑。变电站内设施均处于高压运行状态，必须严格按照风电场运行管理规程来操作，否则存在重大安全隐患。

3.4.1　配电系统危险因素

配电系统危险因素很多，可能造成触电、火灾、烧伤以及其他伤害性事故，其中触电和火灾事故的危害最大。

1. 触电危险

风电场所有设备均高压运行，极容易造成触电事故。诱发触电的危险因素包括以下几种。

（1）在设备运行、检修过程中，由于电气设备或线路故障，不应带电的设备带电。

（2）本应接地的设备没有良好接地。

（3）设备、线路没有安装保护装置或保护装置损坏。

（4）高压配电柜不符合“五防”规定。

（5）操作人员违反操作规程。

除了高压电气设备，一些低压电气设备、仪器、仪表、计算机也容易造成触电事故。虽然低压电气设备用电电压为380V或220V等低电压，但在电气设备运行和操作过程中，如果电气设备的保护装置损坏或不健全，加之操作人员的安全意识淡薄，违反相关操作规程，也可能造成触电事故。

2. 火灾危险

配电系统中的高压断路器、母线、电气线路、电动机、变压器、高低压开关柜等各种电气设备均有可能引起火灾事故。

首先，电缆极容易发生火灾。电缆发生火灾的主要原因包括以下几种。

（1）电缆中间接头制作不良，压接头不紧造成接触电阻过大，长期运行造成电缆接头过热烧穿绝缘而引起火灾。

（2）电缆短路或过电流引起火灾。

（3）外来因素如电气焊火花、小动物破坏等原因引起火灾。

（4）电缆的封、堵、涂、隔、包等保护措施不到位。

其次，电气设备过热会引起火灾。引起火灾的原因如下所示。

（1）电气设备短路、过载、接触不良、散热不良等原因导致电气设备过热，设备周围如果存在可燃物质，则易引起火灾。

（2）电气设备的短路、错误操作能引起电火花或电弧，电火花和电弧温度很高，不仅能引起绝缘物质的燃烧，而且可能造成金属熔化、飞溅，进而引起火灾事故。

（3）当建筑物和电气线路遭受雷电袭击时，避雷装置失效、避雷接地线断开等因素，也可能引起电气设备发生火灾和变压器的燃烧爆炸事故。

此外，消防设施没有安装或失效，可能使火灾扩大、蔓延。

3.4.2　变压系统危险因素

变压器常见的事故为火灾或爆炸，具体引起火灾的原因如下所示。

（1）变压器长期超负荷运行，引起线圈发热、绝缘层逐渐老化，造成匝间短路、相间短路或对地短路。

（2）变压器铁心叠装不良，芯片间绝缘层老化，引起铁损增加，变压器出现过热现象。如保护系统失灵或整定值调整过大，则会引起变压器燃烧爆炸。

（3）变压器线圈机械损伤或受潮，引起层间、匝间或对地短路；硅钢片之间绝缘老化；夹紧铁心的螺栓套管损坏，使铁心产生很大涡流，引起发热而温度升高，可诱发火灾。

（4）变压器的绝缘油在储运或维护过程中不慎有水分、杂质或其他油污混入，使绝缘强度降低。当绝缘油的绝缘强度降至一定程度时，会发生短路而引发火灾事故。

（5）当铁心吊出检修时，不慎造成线圈的绝缘和瓷套管损坏。瓷套管损坏后，如果继续使用和运行，会引起闪络，甚至引起短路火灾。

（6）接头、连接点接触不良会产生局部过热，从而破坏线圈绝缘，会引发短路或断路，产生的高温电弧使绝缘油分解，产生大量可燃气体，气体压力增加会引起燃烧或爆炸。

（7）变压器负载短路时，变压器承受较大短路电流。若保护系统失灵或整定值过大，可能烧毁变压器。

（8）油浸式变压器三相负载不平衡，接地线上会出现电流；油浸式变压器的电流大多由架空线引来，遭受雷击产生过电压，可击穿变压器的绝缘层，可能烧毁变压器。

3.4.3 自动控制系统危险因素

此外，并网风电场的自动控制系统和自动化设备存在一些影响安全的危险因素。

（1）风电场的中央监控室内存有大量的用电仪器、仪表、计算机、供配电控制开关柜及电缆电线。如果上述设备的选型、配置、安装不符合安全技术要求，容易因短路、过热、高温而导致火灾的发生。

（2）风电场中央监控室在运行、检修过程中也存在发生触电事故的可能性。例如，在中央监控室内违反规定，随意乱拉电线，任意增设电气设备，或者违反规定使用非法电器和电气设备，也易引发火灾。

（3）风电场综合自动化系统在确保电网及风电场设备安全稳定运行中发挥着举足轻重的作用，涵盖保护、通信、传动、仪表等专业知识。忽视综合自动化系统运行维护，可能因二次线路虚接或遭受黑客攻击，而引起数据采集及反馈不准确、软件中毒、设备死机、保护误动或拒动等后果，甚至可能引起风电场失电等严重影响电网安全的后果。

例如，风电场监控主机违规外连手机或 USB 设备、在生产控制大区与管理信息大区间交叉使用同一移动存储介质、主机违规使用不安全或非正版操作系统、运行不合理的软件或进程、使用弱口令等问题均可能引发自动化设备感染病毒，间接引起国家电网网络安全监管平台告警，对电力系统网络安全造成严重威胁。

因此，设备运行和维护人员以及设备生产厂商未经许可不得私自远程连接或非法连接外部设备来控制大区系统的调试和运维操作，以避免非认证的网口设备、USB 设备、串口设备的接入。对电网监控设备的非法访问、误操作和恶意破坏，会造成电力监控系统主机感染病毒等网络安全事件。此外，设备运行和维护人员进入机房、继电保护室等重要区域维护检修时，可能未区分停运设备与运行设备，误碰、误整定、误接线，会造成运行设备的非计划停运。

第4章　风电场安全运行制度保障

风电场是最基本的电力生产单位，需要遵循电力生产运行和管理的一般方法和体系。但风电场与普通电力生产单位存在一定差别，即风电场部署于远离市区的农田、荒原、草原、近海或海岸，运行和维护人员少。

为了适应风电场的安全运行和管理要求，绝大多数风电企业将根据风电场的特点制定切实的安全运行管理和保障体系。本章主要介绍保障风力发电设备安全运行的各项制度及其体系。

4.1　风电场安全运行体系

国家能源局电力司根据《关于确认1998年度电力行业标准制、修订计划项目的通知》的要求，制定和颁布了风电场安全、运行及检修的专业规程，即风电场三大规程《风力发电厂安全规程》（DL/T 796—2012）、《风力发电厂运行规程》（DL/T 666—2012）、《风力发电场检修规程》（DL/T 797—2012）。风电场的三大规程是我国风力发电厂运行管理参照执行的专业标准。

为了实施三大规程，风电场可根据我国电力作业、建筑施工、安全生产等行业现行标准和规范，制定具体、可行的管理制度。这些具体管理制度与三大规程共同构成了风电场的运行管理和保障体系（中国三峡新能源有限公司，2017）。

风电场的管理制度应包括以下内容。

（1）值班管理制度。值班管理制度规定了风电场运行与维护人员的轮值周期、值班内容、值班纪律和值班规范。

（2）交接班管理制度。交接班管理制度规定了风电场各班组之间交接班的步骤和手续、交接班的时间要求、交接班纪律和交接班内容。

（3）巡检管理制度。巡检管理制度规定了风电场运行与维护人员在当值期间执行巡检任务时的巡检周期、巡检内容、巡检规范、异常处理以及特殊因素干扰下的巡检保障措施。

（4）设备缺陷管理制度。设备缺陷管理制度规定了风电场运行和维护过程中运行与维护人员对设备的缺陷记录、缺陷报修、缺陷消除、缺陷评级等工作在周期、内容和纪律方面的管理规范。

（5）维护管理制度。维护管理制度规定了风电场值班人员在风电场设备正常维护过程中的维护范围、维护项目、维护周期和维护工作的规范。

（6）运行分析制度。运行分析制度规定了风电场运行与维护人员在运行、维护、维修、管理过程中的设备异常、安全及能效问题的分析范围、分析方法和分析规范。

（7）设备防误闭锁管理制度。为了加强闭锁装置的维护管理，防误闭锁装置管理制度规定了风电场闭锁设备的维护分工、运行人员要求、新投设备验收要求、设备选型要求和操作要求等。

（8）设备定期试验和轮换管理制度。为了保证风电场设备的正常运行，设备定期试验和轮换制度规定了设备及其备用设备之间的轮换周期和轮换方法，规定了设备定期预防性试验的周期和内容。

（9）设备评级管理制度。设备评级管理制度规定了对风电场中设备、开关等的完好情况、出力情况和缺陷情况进行定期评估，形成多个不同评估等级，从而确定设备是否可以继续服役、剩余服役期及处理方法。

（10）消防管理制度。风电场是消防重点单位，除了按照消防要求对设备、建筑做好火灾预防，准备必要消防器材，风电场还需要通过本制度规定消防工作要点、防控方法和火灾应急处理方法。

（11）设备可靠性管理制度。设备可靠性管理制度规定了风电场按季度统计站内设备可靠性指标完成情况，及时分析原因和提出控制措施；每年对可靠性管理工作及设备可靠性指标完成情况进行总结、分析，提出加强可靠性管理工作的计划和提高设备可靠性的对策。

（12）倒闸操作制度。倒闸操作制度规定了风电场现场倒闸的操作流程、责任划分以及出现问题、事故时的预防性操作和应急处理方法。

（13）操作票与工作票（“两票”）管理制度。依据电网和电业部门安全管理规程的相关标准和技术规范，操作票与工作票管理制度对风电场的操作票和工作票实施严格管理，对工作和操作过程实施严格监督的相关规定。

（14）标识管理制度。标识管理制度对风电场中各种专用的设备、线缆、开关、控制器、仪器仪表等标识的颜色、位置、悬挂、编号以及操作进行系统化、规范化的管理。

4.2 风电场安全运行体系实施

风电场的运行管理任务分为人员管理、设备管理、工作管理等三项管理内容，对应人员的责任绩效、设备的运行状态、工作的质量效果等考核工作。为了保证上述三项管理任务的完成质量，风电场按照科学统计结果和经验，规划了风电场运行管理的一般内容、方法和对应管理制度。

4.2.1　“两票”管理制度及实施

“两票”是从“两票三制”中引申而来的两种指令票据。“两票三制”是指工作票、操作票、交接班管理制度、巡检管理制度、设备定期试验和轮换管理制度的简称，是电业安全生产保证体系中基本的制度之一。“两票三制”是从我国电力行业多年运行实践中总结出来的经验，对风电场中任何人为责任事故的分析，均可以从“两票三制”的执行方面找到原因。

为了将安全落实到风电场管理的每个细节，提高各种责任事故的预防能力，杜绝人为责任事故，杜绝恶性误操作事故，风电场必须严格执行“两票”制度，并要高度重视操作票的执行和管理，严格管理工作票，杜绝无票作业。

1. 工作票

工作票是指运行与维护人员在风电场生产现场、设备、系统上进行检修、维护、安装、改造、调试、试验等工作的书面依据和安全许可证，是检修、运行人员双方共同持有、共同强制遵守的书面安全约定。

工作票制度是风电场的重要工作制度之一。工作票分为电气设备、机械设备、电气线路上的工作票。这些种类的工作票需要填写于纸质媒介上并遵照工作票上的内容和步骤来执行。机械设备的工作票用于风电机组方面的相关工作；电气设备工作票用于风电场内一次回路和二次回路上的各种变电设备、断路器和开关等设备方面的相关工作。此外，针对风电场内无须停电也能开展的相关工作，如接地电阻测量、设备接地测量、红外线测温、房间及地面清洁、通信回路操作、风电机组巡检等，也可直接采用口头或电话指令，记录或录音后成为有效工作票。

电气设备相关工作任务的对象分为一次回路和二次回路的高压或低压设备，相应的工作票可划分为第一种工作票和第二种工作票。

第一种工作票是指在高压设备、线路及其他高压相关设备上开展的工作任务，包括以下几种。

（1）高压设备上需要全部或部分停电的相关工作。

（2）二次系统、照明等回路上需要高压设备停电或做安全措施的相关工作。

（3）高压电缆需停电的相关工作。

（4）需要高压设备停电或做安全措施的其他相关工作。

第二种工作票是指在低压控制、配电及相关设备和线路上开展的工作任务，包括以下几种。

（1）控制盘和低压配电盘、配电箱、电源干线上的相关工作。

（2）二次系统、照明等回路上无须将高压设备停电或做安全措施的相关工作。

（3）非运行人员用绝缘棒和电压互感器定相或用钳型电流表测量高压回路的电流。

（4）不需停电的高压电力电缆相关工作。

（5）不会造成触电的带电设备外壳及带电设备导电部分上的相关工作。

无论哪一种工作票都要明确指出执行工作票的负责人、监护人、工作任务、工作时间、潜在危险及危险应急预案。由于第一种工作票是与高压相关设备上的工作任务，因此需要更加注重危险的预测、规避、防控和应对，相应的负责人和监护人必须由具有熟练操作电气设备经验的运行与维护人员担任，工作许可人则由当值的值长或值班总负责人来担任。

2. 操作票

操作票是运行与维护人员完成指定操作任务的依据，明确指出了操作任务的正确操作步骤。运行与维护人员必须明确操作票下达的操作任务，反复演练操作票上的操作步骤，严格遵守操作上的操作指令，完成相关操作任务，若有疏忽大意或不熟练，则可能导致任务失败。

在风电场管理中，场长等主要负责人应加强对设备操作的管理，将日常操作任务进行标准化和流程化，细致划分每项操作任务的指令和执行步骤，在日常管理中加强操作任务的演练和技能培训，一旦制定好操作票，就要严格遵照执行并做好记录和管理。

风电场的运行与维护人员接到操作指令后，应认真逐条核对、审查操作票的任务、内容和步骤，明确操作票的指令内容、目标和步骤。在设备操作过程中，运行与维护人员必须严格划分监护人与操作人，监护人与操作人必须熟悉自身的工作职责、任务和操作步骤。操作人依据操作票中的指令顺序执行操作，监护人做好指令的复读，并严格监督指令的执行过程，确保操作无误。

操作票是风电场电气操作的书面依据，包括调度指令票和变电操作票，可以保证运行与维护人员的正确操作，防止发生误操作。操作票制度可以防止误操作，避免误拉、误合，避免带负荷拉合隔离开关，避免带地线合闸等。

操作票的内容由风电场的实际工作需要决定，由运行与维护人员根据场长或值长等主要负责人的工作指令填写。运行与维护人员在填写操作票之前，要求掌握设备的运行状态、本次操作任务及运行方式，要结合风电场的实际情况填写操作票。场长或值长在认真核对和审查操作票的内容和操作步骤的正确性及准确性后，现场签发有效的操作票。

操作票涉及的操作项目包括：应拉合的开关和刀闸，检查开关和刀闸的位置及位置指示器；检查接地线是否拆除，检查接地刀闸开合状态；检查负荷分配；装拆接地线（拉合接地），取下和装上控制、信号、动力保险，断开（或切换）保护或自动装置开关，停用和加用保护压板；高频保护装置定值，检查电器状态，检查表计指示，检查是否确无电压等。对于操作项目中的开关、刀闸等设备，可只填写设备名称及其运行编号。

尤其需要指出的是，当出现雷电、暴雨、浓雾等极端天气时，风电场必须禁止倒闸操作，在处理事故的情况下，只允许通过监控室进行远程控制。

风电场运行与维护人员所要开展的一切正常的倒闸操作，必须按照场长或值长等主要负责人发布的操作项目填写倒闸操作票，并且要经过严格的层层审核、预演、签字等步骤之后才允许执行。除了严重事故及设备缺陷将严重威胁人身和设备安全，急需停止设备运行以防止事态或损失进一步扩大等情形，均需填写和严格执行操作票。此外，一些较为单一的拉合开关和倒闸操作，在备案记录情况下，无须填写操作票也可执行。

为了保证操作票的正确执行，操作票要严格执行监护、唱票、复诵、勾画的四步操作法。每次倒闸操作必须由两名以上运行与维护人员共同完成，其中一人是操作过程的监护人，对操作人的操作进行监督和提示，保护操作人的人身安全。为了正确执行操作项目，操作人在操作过程中要反复诵读操作内容，确认无误后再执行操作，并在执行完每步操作项目后勾画标记，表明该操作步骤已经完成。

操作人或监护人在操作过程中，若发现错误或异常，应立即停止操作并查找原因，及时向当值的值长汇报情况，等候进一步的操作指令。

4.2.2　工作管理制度及实施

1. 值班管理制度及实施

值班是指运行与维护人员在风电场生产周期内当值完成的规定工作内容。由于风电场分布于远离城市中心的旷野、海上或城郊，且长期持续运行，为了解决运行与维护人员的体力恢复问题，提高风力发电设备运行效率，风电场执行严格的定期轮换值班管理制度。

值班管理制度由风电场的场长负责贯彻、实施和监督执行。值班管理制度将风电场全体运行与维护人员按生产周期划分为若干值班班组。为了保证每个班组的设备能够正常运行，保证非当值人员体力得到充分恢复，值班轮换采用班组间轮换和班组内昼夜交接班轮换相结合的值班安排方法。

在风电场的值班周期内，风力发电设备及变电设备需要持续运行，并由专门值班人员负责监控。在设备倒闸、维修、维护以及事故发生时，风电场的主控制室必须保证有值班人员负责监控和指挥，以主控制室为核心在风电场内形成有效的监控网和应急指挥网，实现信息、数据和指令的高效搜集、转发、汇报和响应。

值班人员需要随时监控风电场内设备的运行状态，监听电网与接收上级的调度指令，确保风电场的设备始终处于正常运行状态，使调度指令传送设备处于良好的可用状态。值班人员随时记录各种异常现象，搜集和存储采集到的数据；在接到调度指令后，必须多次重复诵读，确认指令准确无误后，再向风电场场长和当值的值长汇报。

2. 交接班管理制度及实施

风电场由多班组轮换执行运行、管理和维护任务，班组轮换时即交接班期间易造成运行混乱和操作无序，潜在安全风险十分巨大，容易引起重大事故。风电场必须制定严格的交接班管理制度，划清班组交接班过程中的责任归属，使风电场及其软硬件系统始终处于严格监控的状态。

风电场运行与维护人员必须严格按班组轮换制度规定的交接班时间节点办理交接手续，准时履行值班。交班班组要为接班班组创造接班的有利条件，接班班组要提前进入岗位，为交接班预留一定的时间裕量，双方为高效、合理交接班创造有力的时间条件和工作条件。

通常，风电场的交接班内容应包括以下几方面。

（1）风电场运行及负荷状况。

（2）风电场设备运行状态。

（3）设备变更和异常情况。

（4）当前设备缺陷及当前状况。

（5）继电保护装置、仪表及通信设备运行情况。

（6）设备检修、试验、安装等作业情况。

（7）正在执行的、经许可的工作票，使用中的接地数量编号位置。

（8）上一班组接到的生产、调度及行政命令。

（9）工具、材料、备件的使用和变动情况。

（10）尚未完成的工作情况。

接班人员在交班人员陪同下，在现场共同巡视交接班的内容，核对设备的数量、状态和操作历史。接班人员对一些信号、自动装置等需要按规定进行检查和试验，确保设备处于安全、可用状态。交接班时，如果发现异常情况或突发紧急事故，应立即停止交班，在当前值长的指挥下开展应急处置，待事故处理完成后，双方确认后方可交班。

3. 巡检管理制度及实施

风电场的运行环境恶劣，风电机组工况复杂，设备容易出现各种问题、故障和事故，需要定期进行巡视和检查。风电场巡检是对风电机组、输电线路、变电设施等进行巡视和检查，及时发现设备的缺陷，消除事故隐患，保证风电场设备的健康稳定运行，提高设备的完好率和利用率。

巡检是对风电场设施实施检修和制定事故应急处理措施的依据。风电场要依据《电力安全工作规程 发电厂和变电站电气部分》（GB 26860—2011）制定巡检制度，合理安排巡检任务，定期执行巡检任务，忠实履行巡检职责，做到定期、定点、定责（中国国家标准化管理委员会，2011）。

风电场巡检的时间和频次需要固定而有规律，以下几种情况需要安排巡检。

（1）交接班时间需要安排一次风电场设备巡检。

（2）每天至少安排一次变电站内设备的定时巡检。

（3）每周至少安排一次风电场内全部风电机组的定时巡检。

（4）每周安排一次变电站内夜间熄灯检查，检查电气连接点发热和电气设备外绝缘放电。

风电场巡检分为三类，分别是定期巡检、特殊巡检和夜间巡检。

定期巡检是按照风电场安全运行管理相关规定进行定期检查，巡视风电机组、输电线路及变电站的状态。当风电场遇到大风、雷雨、冰雹、浓雾、沙尘暴、高温等极端天气，负荷增大、设备更换、设备异常等运行状况，节假日、应急保障等供电任务时，需要在既定的定期巡检任务基础上增加额外的特殊巡检任务。夜间巡检是另一种常规巡检任务，观测日间无法用肉眼直接观测到的放电、发光、发热等现象，及时发现潜在设备隐患。

风电场要严格按照相关制度、规程、规范及标准来制定巡检内容和巡检项目，安排运行与维护人员严格按照巡检路线逐项检查，合理采用多种感官综合搜集信息，采用有效的方法与手段分析和判定设备的健康状态。运行与维护人员在巡检后要做好问题、缺陷和故障的记录、分析和管理，建立完善的设备健康状况数据库和档案。

4. 维护管理制度及实施

风电场维护是指针对风电机组及风电场内的输变电设施所开展的维护工作。风电场维护内容包括常规巡检、故障处理、例行维护及非常规维护。风电场维护主要采用以下四种形式。

（1）风电场自行维护。风电场自行维护要求风电场拥有专业技术过硬、管理经验丰富的运行维护队伍，同时配备风电机组维修、维护所需工具及装备。

（2）委托专业公司维护。风电场自身只负责运营管理，提出风电场运营管理的经济、技术考核指标，将具体运行与维护工作委托给第三方专业公司。

（3）合作运行维护。风电场与专业公司开展技术合作，双方分工共同管理和维护风电场。

（4）设备制造商维护。设备质保期内，制造商为风电场提供专门的维护。

4.2.3 设备管理制度及实施

1. 设备缺陷管理制度及实施

缺陷是指影响风电机组、输电线路和变电站设备安全经济运行，影响场内设施正常使用，危及人身安全的各类异常现象。常见设备缺陷包括异常振动、过度摩擦、螺栓松动、结构断裂、部件烧蚀、设备过热、高温变形、异常响动、润滑油渗漏、消防设施失灵、防洪设施损坏、设备参数异常等。在所有风电场设备缺陷中，对设备和安全生产影响最大的是反复出新的缺陷，即同一设备上重复多次出现的、相同原因造成的缺陷。

为了快速发现或排查风电场设备的缺陷，及时进行设备消缺处理，风电场必须制定和执行严格的设备缺陷管理规程。运行与维护人员在巡检中要及时发现、记录和消除缺陷，如果未能及时消除设备缺陷，则要采取补救措施或及时汇报，组织专家分析和抢修。设备缺陷管理制度要求风电场的负责人按月检查设备消缺记录，定期对设备进行评级，根据设备缺陷情况，组织运行与维护人员进行缺陷原因分析，掌握设备运行规律，提高设备健康水平。

风电场设备缺陷分为若干类型，不同类型的缺陷对应不同的处理和响应方法。一些企业为了区分设备缺陷及危害，将设备缺陷分为一类缺陷、二类缺陷和三类缺陷，并对这几类缺陷进行了定义。

（1）一类缺陷。一类缺陷是指危及风电场变电站、送出线路、风电机组等安全运行及人身安全，影响可调度容量超过 50MW 或全场容量 50%以上的缺陷。一类缺陷对风电场变电站或风电机组的安全经济运行或人身安全造成一定威胁，需要风电机组停机，停运时间一般超过 10 天。

（2）二类缺陷。二类缺陷是指风电场的集电线路异常，必须将该集电线路停运，而集电线路停运表示处理时间超过 24 小时但不超过 240 小时的缺陷。如果此类缺陷对风电场变电站或风电机组的安全经济运行或人身安全造成一定威胁，需将机组停运，停运时间超过 3 天但不超过 10 天。

（3）三类缺陷。三类缺陷是指对风电场变电站或风电机组的安全运行存在影响，但可以通过倒换设备、停运风电机组进行消除，表示处理时间不超过 24 小时的缺陷。三类缺陷造成集电线路异常，必须停运集电线路，集电线路的停运时间小于24小时。

2. 设备评级管理制度及实施

为了提高风电场的经济效益、降低风险，需要准确掌握场内设备的运行状态和健康水平。风电场需要根据设备的完好程度、运行状态和相关规定，建立一套设备评级管理制度和相关评价标准，并根据评价标准统一评价风电场内的设备。一些企业将风电场内的设备分为一类、二类、三类等不同级别。

（1）一类设备。一类设备是指经过运行考验，技术状况良好，能保证安全、经济、稳定运行的设备。一类设备能够持续达到铭牌出力或上级批准出力；各项主要运行指标及参数符合设计或相关规定；设备本身没有影响安全运行的缺陷，部件和零件完整齐全，设备上的腐蚀和磨损比较轻微；附属设备技术状况及运行状况良好，能保证主要设备的安全运行、出力以及效率；保护装置及主要测量仪表等完整良好，指示正确，动作正常；主要自动装置能经常投入使用；设备及周围环境清洁。

（2）二类设备。二类设备是指达不到一类设备标准，个别部件有一般性缺陷，但能保证安全稳定运行的设备。

（3）三类设备。三类设备是指存在重大缺陷的设备。此类设备需要经常维修或维护，工作效能极低。此类设备无法保证运行安全。

风电场设备评级管理制度由生产管理部门组织制定和实施。风电场是设备评级管理制度具体落实和执行的基层单位，需要制定和落实设备的升级、改造、消缺的计划和措施。

设备评级是风电场的重要工作内容。风电场按照一定的生产周期予以落实和执行，定期向生产管理部门发送设备运行状态记录。风电场根据设备运行状态记录来分析风电场设备的运行状态，评判设备运行状态对生产的影响程度，将全部设备划分为不同类别，从而制定出更加科学合理的设备维修和维护计划，以防止设备缺陷的劣化，避免事故和损失的发生。此外，设备运行状态记录将成为设备评级、供应商评价、风险评估、绩效分析的重要依据。

3. 设备定期试验和轮换管理制度及实施

设备轮换管理制度是风电场的重要管理制度之一。定期轮换能够有效地检验设备是否处于良好的工作状态。当设备出现运行状态异常或产生故障时，确保相关设备能够及时、正常地投入使用或动作，以保证风电场安全、连续运行。

设备的定期轮换应严格遵守操作票制度。风电场需要根据设备的实际情况确定场内设备所需开展的定期试验和轮换项目，制定详细的设备轮换与试验方案，包括设备试验、轮换的内容、周期和标准。风电场内需要定期试验和轮换的设备包括：其一，变压器备用风扇需要定期启停轮换，轮换周期大多为一个月；其二，消防水泵、火灾报警系统、事故照明、场用备用电源、UPS电源、站用备用柴油发电机等设备需要定期启停、投入或切换试验，试验周期通常为一个月。

风电场设备的定期轮换过程需要遵照以下要求。

（1）运行与维护人员在设备定期轮换操作中，要严格按照标准操作票的指示执行每一步具体的操作。

（2）设备定期轮换之前，运行与维护人员必须检查被试验和被轮换的设备，提前制定好检查的内容和标准，确保在安全可靠的条件下开展试验和轮换。

（3）风电场应明确规定轮换和试验方案、技术措施的审批制度，确定审批人员名单。

（4）设备定期轮换前，运行与维护人员要认真做好危险点分析、危险和事故的预控措施，牢记事故应急处理流程和方法，定期做好突发事故的应急演练。

（5）风电场要建立完备的设备定期轮换记录机制。运行与维护人员要完整准确地记录设备定期轮换情况，包括工作的内容、时间、人员及设备情况，如果未能执行轮换工作，也需要记录下来，并由专人审批。

（6）如果运行与维护人员在设备定期轮换过程中发现问题或缺陷，需要组织人员认真分析问题或缺陷的产生原因及处理方法。

（7）重要设备的定期轮换，必须有专业人员现场监护，并做好事故预想和熟悉应急处理方法与流程。

4. 设备防误闭锁管理制度及实施

高压开关设备安装闭锁装置是防止电气误操作的有效措施。风电场的防误操作可归纳为“五防”。“五防”是指防止误分合断路器、防止带负荷拉合隔离开关、防止带电（挂）合接地线（开关）、防止带接地线（开关）合断路器（隔离开关）和防止误入带电间隔。

防误闭锁点是指防误装置中可以对高压电气设备实现某一种防止电气误操作功能的一个闭锁控制点，如机械闭锁装置或电气闭锁装置。风电场防误闭锁包括程序锁、电磁锁、机械锁、机械程序锁等闭锁保护装置。

风电场应该根据设备的实际运行情况，制定设备防误闭锁管理制度，并加强闭锁装置的维护和管理。一般情况，风电场新投运的开关设备必须加装防误闭锁装置。电气设备防误闭锁装置维护和操作必须按程序要求操作。运行与维护人员则必须针对防误闭锁装置的维护进行专门培训。

（1）运行与维护人员应熟悉风电场内防误装置的结构和原理，掌握防误装置的使用方法、注意事项和异常处理。

（2）运行与维护人员要定期巡视和检查防误闭锁装置，风电场场长则要定期组织全面检查并做好记录，发现问题及时处理和上报。

（3）防误闭锁装置程序不能作为操作票使用。如果操作过程中出现问题，则应该认真地检查防误闭锁装置及其操作程序，不得任意解锁，如果需要解锁，则必须按照相关规定执行。

（4）防误闭锁装置应该与新设备同时投入运行，运行与维护人员要严格做好验收。

（5）如果存在故障处理、检修等需要，应该由运行与维护人员执行解锁，解锁钥匙不应交给检修人员使用。

防误闭锁装置的日常巡视检查应该包括以下项目。

（1）机械部件的弯曲、变形和脱落。

（2）拉丝无断脱和卡涩。

（3）螺纹连接的松动和轴销变形。

（4）检查机械程序锁的编号完整性、锁芯开启的灵活性，并且要求行程符合规定。

（5）室外锁防雨罩不应出现破损和锁芯锈蚀。

（6）钥匙、编号的位置应该正确。

（7）检查电磁锁的电磁线圈是否过热，外露部分是否锈蚀，以及箱体的密封性。

（8）检查操作电源和辅助开关的接点是否良好，指示灯、按钮和微动开关是否异常，电源连线是否脱落和腐蚀断裂。

（9）检查二次回路是否出现断线，绝缘是否良好。

（10）每日接班和每次操作前，应该核对模拟图板，以保证模拟图板与设备实际运行方式一致。

（11）微机闭锁装置的计算机钥匙需要及时充放电，以保持电力充足。

为了保证防误闭锁装置的可靠性，其必须独立运行，要有独立的电源。此外，运行和维护人员要定期维护防误闭锁装置，定期检查、维护和试验防误闭锁装置的各部件、回路、接点、信号、锁具等，详细记录检修内容和检修过程中发现的缺陷。为了让防误闭锁装置动作后风电场设备能够得到修复和重新投运，要妥善保管变电站内的解锁钥匙，制定严格的解锁管理程序和登记管理制度。

第5章　风力发电设备安全操作

如前面所述，风电场存在各种危险因素，一旦触发将会引发各种事故。为了保证风电场的安全、可靠运行，除了要有完备的软硬件设施、合理的人员架构和严格的保障制度，还需要运行和维护人员正确地操作风电场中的风电机组、变配电设施等。本章将根据国内风力发电设施的一般性原理、结构和特点，归纳各大能源公司的设备操作规范，介绍风电机组和变配电设备的安全操作方法。

5.1　风电机组运行安全操作

5.1.1　风电机组主要运行工况

风电机组的运行工况是指风电机组在服役期内所经历的各种运行和工作状态。经归纳，风电机组主要包括待机、启动、加速、并网、运行、维护、故障、停机等不同的运行工况。风电场的运行与维护人员需要根据风电机组的不同工况条件和不同风电机组的结构原理，学习与之相适应的安全操作方法。

一般情况下，风电机组主要的、典型的工况有四种，分别是运行、暂停、停机和紧急停机。主控系统可在运行和维护人员的正确操控下，实现风电机组在不同工况之间平顺切换。出于安全考虑，主控系统会给上述4种典型工况分配不同的安全优先级别，不同工况之间按优先级进行控制和切换。图5.1为风电机组工况控制与切换流程。

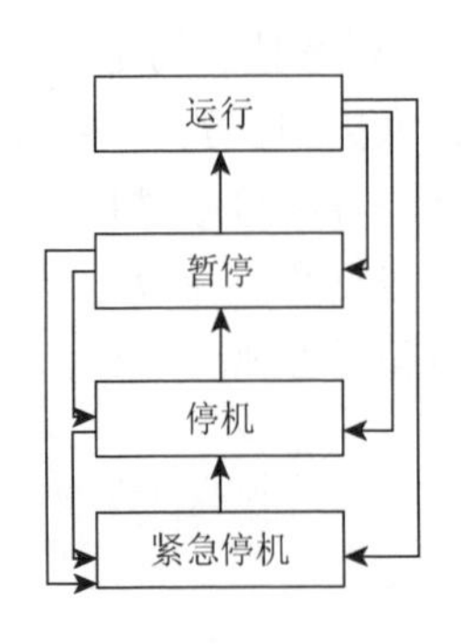

图5.1　风电机组工况控制与切换流程

风电机组工况切换以偏航系统、液压系统、变桨距系统、制动系统、变流器等部件和子系统为基础，在主控系统的统一指挥下实现不同工况之间的控制与切换。此处简要阐述4种典型工况。

1. 运行工况

运行工况是指风电机组在并网状态下最大限度地捕捉风能、实施机电能量转换、对电网稳定输出电能的工作状态。此时，风电机组的发电系统、偏航机构、变桨距系统及其他执行机构在控制系统作用下，以风速、风向及电网指令等为依据，实施风能捕获控制和电能输出控制。风电机组的偏航系统处于自动对风状态，叶轮系统处于最大功率追踪状态，发电系统处于并网状态。

2. 暂停工况

暂停工况是指风电机组在各项控制功能正常条件下，脱网空转运行的状态。暂停状态下，风电机组的主传动系统受到最小的叶轮转矩作用，并且不受到发电机电磁转矩作用，叶轮处于自由空转状态，而风电机组随时能够切换到正常的运行状态。此时，风电机组的主传动系统制动松开，液压泵保持工作压力，自动调向保持工作状态，叶尖阻尼板回收，变桨距系统调整叶片桨距角为90°方向，风电机组空转。此状态下，运行和维护人员可对风电机组进行实时调试。

3. 停机工况

停机工况是指风电机组在各项控制功能正常条件下，脱网并停止运行，机械装置处于锁定状态。停机状态下，风电机组的主传动系统受到反向气动阻力矩的作用，发电机由并网状态向脱网状态逐步过渡。此时，风电机组的机械刹车装置松开，液压系统打开电磁阀使叶尖阻尼板弹出，变距系统失去压力而实现机械旁路，液压系统保持工作压力，调向系统停止工作。

4. 紧急停机工况

紧急停机工况是指风电机组在主控制功能正常或备用动力正常条件下，以最快的速度脱网并停止运行，使机械装置紧急进入锁止状态。紧急停机状态下，风电机组的主传动系统在短时间内受到加大的反向气动阻力矩的作用，发电机由并网状态向脱网状态快速过渡。紧急停机状态一般是指风电机组在遭遇短时强风作用时，其部件出现了故障、损坏等极特殊情况，为了避免风电机组发生不可挽回的损失或损失进一步扩大，而被迫进入的一种工作状态。此时，风电机组的机械刹车装置与气动刹车同时动作，然后安全链开启，计算机所有输出信号无效，计算机仍在运行和测量所有输入信号。在紧急停机电路动作时，所有接触器断开，计算机输出信号被旁路，使计算机没有可能去激活任何机构。

5.1.2 风电机组安全操作

风电机组运行的控制和操作分为手动和自动两种模式。常规情况下，如果风电机组处于自动运行状态，风电机组将受到控制系统的作用，可在不同的工况之间自动切换。当风电机组已经出现故障，需要实施定检和维修时，风电机组可切换为手动控制状态。运行和维护人员可以在塔顶控制柜实施就地手动控制，或通过中央控制室的数据采集与监控系统实施远程控制（孙强和郑源，2016）。风电机组的常规控制和操作有启动并网、停机、变桨距、偏航与自动解缆等内容。

1. *启动并网*

当风电机组启动时，主控系统对外界的风速变化情况进行不间断的检测。当10分钟平均风速大于启动风速时，主控系统将控制风电机组做好切入电网的准备工作，包括主传动系统制动松开、收回叶尖阻尼板、叶轮处于迎风方向。主控系统不间断地检测各个传感器的信号是否正常，例如，风速、风向、液压系统压力及电网参数。如果10分钟平均风速持续大于启动风速，则主控系统检测叶轮是否已开始转动，并开启软启动装置，快速启动叶轮，对启动电流进行控制，使其不超过最大限定值。

风电机组启动时，叶轮转速很小，发电机切入电网时的转差率大，因而会产生相当于发电机额定电流5～7倍的冲击电流。该冲击电流不仅会对电网造成一定的冲击，也会影响风电机组的使用寿命。因此，风电机组在并网过程中采取软启动技术来控制启动电流。当发电机达到同步转速时电流骤然下降，控制器发出指令，使软启动控制器自动复位，等待下一次启动信号。该启动过程约40s，如果超过该时间阈值，则被认为是启动失败，发电机将切出电网，控制器根据检测信号，确定风电机组是否重新启动。风电机组也可在启动转速低于同步转速时选择不并网，等接近或达到同步转速时再切入电网，这样可以避免冲击电流。

风电机组的启动包括自动启动和手动启动两种模式。手动启动模式包括中央控制室远程操作、机舱操作和就地操作三种操作方式。如果外界风速进入了风电机组的启动风速范围，风电机组将自动启动并网。

2. *停机操作*

停机过程分为正常停机和紧急停机。正常停机时，控制器会发出正常停机指令，风电机组将按照以下过程实施停机。

（1）切出补偿电容器。

（2）全叶片顺桨。

（3）发电机脱网。

（4）发电机转速下降至设定值后主传动系统制动。

（5）若主传动系统制动故障，则机舱偏航90°侧风。

紧急停机是当出现紧急停机故障或异常外部环境条件时，叶轮以预设的最快速度停止转动。紧急停机时，风电机组按以下过程停机：

（1）切出补偿电容器。

（2）叶尖阻尼板动作。

（3）延时0.3s后主传动系统制动。

（4）瞬时功率为负或发电机转速小于同步转速时发电机脱网。

风电机组在紧急停机时，如果制动时间超过20s，转速仍然没有降到设定值，那么叶轮叶片实施收桨，机舱偏航90°背风。

如果风电机组停机是由风速过小、风速过大、电网故障等外部原因引发的，那么风电机组停机后将会自动切换到待机状态。如果风电机组停机是由内部故障造成的，主控系统需要在接收到已经修复的指令后，才能进入待机状态。

通常，停机前要求风电机组为正常运行状态，可执行自动调节和自动控制功能，停机时可通过中央监控室的数据采集与监控系统远程控制风电机组停机，也可由运行和维护人员依照工作票在风电机组的塔底控制柜实施就地停机操作。紧急停机是极端情况下保障风电机组生存的最后防线，为了保证风电机组在极端情况下能够停下来，风电机组上有多个就地紧急停机按钮，分别部署于风电机组的塔底柜、机舱柜及其他制造企业所指定的部位。

正常的停机操作优先级顺序如下：

（1）风电场中央监控室计算机远程控制风电机组停机。

（2）当远程控制停机失败时，按动风电机组的正常停机按钮实施就地停机操作。

（3）当使用正常停机按钮实施就地停机操作失败时，使用紧急停机按钮实施就地停机操作。

3. 变桨距操作

当风电机组并网以后，主控系统根据外界风速的变化，通过变桨距系统改变叶轮上叶片的攻角来调整发电机的输出功率，以更加高效地利用风能。当风速低于额定风速时，叶轮叶片的攻角处于0°附近，发电机输出功率随着外界风速的变化而变化。当风速高于额定风速时，变桨距系统介入叶片的桨距角调节，通过改变叶片的攻角来保证发电机输出功率保持在额定功率。图5.2为顺桨状态，图5.3为开桨状态。

图 5.2　顺桨状态

图 5.3　开桨状态

但是，外界风况具有一定的随机性和不确定性，风速始终在不断地变化。根据叶轮吸收风能的计算公式，叶轮捕获风能的理论总量与风速的 3 次方成正比，可知风速的微小变化将引起叶轮吸收风能的较大波动，风电机组输出功率也将随之变化。高风速条件下，如果风速波动幅度大、频率高，为保持发电机输出功率稳定，变桨距系统将会频繁动作。这极容易造成变桨距系统机械结构的过早失效或损坏。此外，叶片质量很大，在变桨距系统控制下，构成了一个大惯量系统。叶片的变桨距动作也会出现较大的响应滞后，从而造成发电机的输出功率波动。这将对电网造成不良影响。为了解决这一问题，可采用转子电流控制等辅助控制方式来配合变桨距系统，共同完成发电机输出功率调节。

4. 偏航与自动解缆操作

偏航系统有以下 3 个主要功能。

（1）正常运行时驱动叶轮自动对风。当风电机组叶轮轴线与外界风向偏离一定角度时，控制系统将发出调向指令，使风电机组的叶轮开始对风，直到达到允许的误差范围，才会停止自动对风。

（2）扭缆时驱动机舱自动解缆。当风电机组机舱向同一方向连续偏转了 2.3×360°时，如果此时的风速小于风电机组启动风速，而且没有功率输出，那么控制系统将发出指令，让风电机组停机，同时驱动机舱向着偏航的相反方向旋转，从而使机舱内的电缆解绕；如果此时风电机组有功率输出，那么机舱暂时不进行自动解绕；当机舱向同一方向持续偏转达到 3.0×360°时，控制系统发出指令使风电机组停机，强制机舱向偏航的相反方向旋转解绕；当风电机组因故障而不能实现自动解绕，而且扭缆角度达到 4.0×360°时，扭缆极限开关被触发，那么风电机组将自动停机，此时需要等待运行和维护人员抵达现场实施手动解缆操作。

（3）失速保护时驱动叶轮偏离风向。当风电机组遭遇特大强风时，风电机组将停机，叶轮叶片的桨距角将调至最大角度，机舱实施 90°偏航侧风，以保护叶轮免受强风破坏。

5.2 变配电设备安全操作

风电场变配电设备有运行状态、备用状态、检修状态等3种典型状态。运行状态是指设备的开关和刀闸均置于闭合位置，设备处于通电状态。备用状态是指设备至少有一个刀闸或开关处于断开状态，只有当二者全部闭合时，设备方可投入使用。备用状态分为冷备用和热备用两种状态。冷备用状态是指设备的开关与刀闸均处于分开状态，要合上刀闸和开关后设备才能投入运行。热备用状态是指设备的刀闸闭合而开关尚未闭合，只要开关闭合，设备就能投入运行。检修状态指设备的开关与刀闸均处于分开状态，接地及安全措施就位，设备可进行检修。

变配电设备操作即倒闸操作，是将风电场变配电设备由一种状态转换为另一种状态，操作人员所开展的系列操作过程。为了保障输变电设备倒闸过程中操作人员和设备的安全，倒闸操作必须遵循一定的规范和现场安全规程。本书根据《电力安全工作规程 发电厂和变电站电气部分》（GB 26860—2011）编写了风电场变配电设备倒闸的安全操作方法。

5.2.1 变配电设备安全操作要求

为了保证变配电设备倒闸操作的安全性，通常需要按照风电场安全运行规程及倒闸操作方法进行操作，主要包括任务要求、注意事项、倒闸要求。

1. 任务要求

风电场倒闸操作任务需要由运行和维护人员具体实施，不同任务有不同的执行方式（国家电网公司，2018）。风电场变配电设备操作任务可分为有监护现场操作、无监护现场操作以及检修操作等。

（1）有监护现场操作任务。有监护现场操作任务是指由两个人共同执行的倒闸操作任务。此类任务要求一人负责现场监护，另外一人负责具体操作。此类操作任务对监护人的技术和业务水平有较高要求，要求监护人必须熟悉设备及倒闸操作流程。

（2）无监护现场操作任务。无监护现场操作任务是指仅有一个人在现场单独执行的倒闸操作任务，但并非是真正的无监护或无操作指导。极特殊条件下，风电场可以执行无监护现场操作任务，但在执行前必须经过严格的审批程序，而且现场操作人员必须具备相应的资质和熟练的操作技能。任务执行时，现场操作人员必须与中央监控室保持良好的通信，并根据中央监控室的远程指令执行每一步操作。

（3）检修操作任务。检修操作任务是指由经严格训练、具备相应资质的检修人员执行的倒闸操作任务。检修人员被允许执行由热备用状态到检修状态，以及由检修状态到热备用状态的倒闸操作任务。检修操作任务必须由两人或两人以上共同执行，并要求其中一人担负监护人。

无论以上哪种任务，操作人员、监护人员和检修人员必须经过严格培训，考核合格并取得《电工进网作业许可证》。

2. 注意事项

变配电设备的倒闸操作任务执行过程十分复杂也很重要。为了防止误操作而引起的事故，保证风电场安全生产和经济运行，倒闸操作必须严格遵守倒闸操作流程及有关规定。

（1）倒闸操作票填写。倒闸操作前，必须根据倒闸操作任务指令要求，按照安全规程、现场规程和既有操作票，将倒闸操作过程按顺序填写成倒闸操作票。操作人写完操作票后先要自查，确认无误并签名后交给监护人审查，如无误则监护人签名，最后由风电场负责人批准后方可执行。

（2）倒闸操作的监护。为了保证倒闸操作的正确性，防止误操作事故的发生，任何种类的倒闸操作在正常情况下必须由严格遴选的合格监护人实施监护。监护人职级要高于操作人的职级，对设备及倒闸操作应该更加熟悉。倒闸操作时，监护人与操作人一起校对要操作的设备及编号、名称等基本属性，始终监视操作人的操作动作。

（3）倒闸操作的问题处置。监护人与操作人必须严格执行诵读与复诵的操作票执行相关规定，以准确执行倒闸操作票中的每一步操作。如果监护人发现错误，应立即制止和纠正操作。如果倒闸操作中发生疑问，操作人应立即停止现场操作，并及时向场长或当值的值长汇报情况，以得出正确的结论，但不得擅自更改操作票上的操作顺序和内容。

（4）倒闸操作的安全。倒闸操作必须选择合适的时机，雷雨等特殊天气及交接班时，不允许进行倒闸操作。正常情况下，倒闸操作必须做好安全防护，配备工作服、绝缘鞋、安全帽、绝缘手套、验电器、摇表等安全装备，并要求佩戴绝缘手套。手套要求无漏气、无划痕、无污迹；验电器外观完好、试验正常；摇表按要求做好开短路试验。

（5）倒闸操作的执行。操作人与监护人认真执行各自职责，集中精力进行操作和监护。监护人严禁从事与倒闸操作无关的工作内容，要密切关注设备的状态及监视周边的状况，做好突发事故的预判和应急处置的头脑演练，如有异常要及时提醒操作人。倒闸操作中，监护人必须认真记录操作人的每个动作，在确认操作无误后，方可在操作票上确认完成。

（6）倒闸操作的完结。操作人与监护人按照操作票完成既定的倒闸操作任务后，要清理倒闸操作现场，拆除临时接线，清点仪器和工具，保证现场整洁。监护人必须向风电场的负责人汇报此次任务的执行情况及设备状态。

3. 倒闸要求

倒闸操作可参照以下要求执行。

（1）拉合刀闸时，开关必须断开。如果合闸能源为电磁机构的开关，还应取下合闸动力保险。

（2）设备送电前，必须起用保护，没有保护或不能自动跳闸的开关不准送电。

（3）开关不许带电压手动合闸。特殊情况下，只有能量储备充足的弹簧操作机构的开关才可以带电压手动合闸。

（4）运行中的小车开关不可以打到机械闭锁手动分闸。

（5）如果误合了刀闸，不得再次拉开已经误合的刀闸。确认问题并采取安全措施后，方才允许再次拉开误合的刀闸。

（6）如果误分了刀闸，不得再次闭合已经误分的刀闸。只有采用手动蜗轮传动的刀闸，在动触头完全离开静触头之前，方可闭合误分的刀闸。

（7）在相应开关合闸前，有位置指示器的刀闸要检查切换继电器励磁。

5.2.2　变配电设备安全操作内容

变配电设备倒闸操作过程十分复杂，需要经历前序工作、执行过程、后续工作等环节和内容，每个环节又需要完成不同的工作步骤。

1. 倒闸操作的前序工作内容

风电场当值的值长向值班的运行与维护人员下达倒闸操作任务，向接受任务的运行与维护人员讲清倒闸操作的任务内容、任务意图和任务要求，并从运行与维护人员中挑选两名或两名以上人员执行倒闸操作任务，其中至少一人被指派为监护人，其余人员可为操作人。

监护人和操作人接到倒闸操作任务后，操作人依据任务领取预制的操作票或现场填写操作票。在填写操作票时，操作人需要逐条模拟倒闸操作条目，明确各条目的目的和操作方法。如果操作人发现有不清楚、含混、歧义的操作条目，需要立即向当值的值长提出，待所有条目确认无误后，方可最终签字。

操作人填写和签署好操作票后，将操作票提交给监护人审查。监护人必须认真复查操作票，逐条确认无误后方可签字。操作票制作完成之后，操作人和监护人要向当值的值长汇报。经当值的值长确认、审批和签字，操作票才能正式生效。

操作人和监护人领取任务和操作票后，到库房领取倒闸操作工具、测量仪器和安全防护装备，认真检查每个工具、仪器和装备，确保其处于合格、可靠、正常和有效状态。

2. 倒闸操作的执行过程内容

操作人和监护人到达指定倒闸操作现场后，要按照安全操作规程要求布置好操作现场，明确工具、仪器和设备的摆放位置，划定倒闸操作的安全区域，同时按要求摆放安全标识和警示牌。操作人和监护人要确保工作区域内干净整洁，工作区域没有有毒气体、积液、油污等危险因素，现场没有其他人员的干扰，通信设备要始终保持畅通，并且要熟练掌握各种突发事故的应急处理方案，熟悉紧急逃生通道位置。

操作人和监护人布置好倒闸操作现场之后，按照操作票条目要求到达各自的工作位置。监护人按照操作票上的操作条目核对操作设备名称、编号和操作方法。如果监护人核对无误，则要高声地逐次诵读操作票上的每条操作条目，诵读的声音要求清晰响亮，从而使操作条目内容正确完整地传达给操作人。操作人清楚地听到监护人的诵读后，再清晰地复诵该操作条目的内容。监护人听到操作人对操作条目的复诵，确认无误后发出执行命令。操作人听到监护人的执行指令后，按照要求果断地执行操作。每执行完一个操作条目后，操作人和监护人一起检查该操作条目的执行效果，查看设备状态是否与操作条目要求相符。每条操作条目确认执行无误后，监护人用规定颜色的记录笔在该操作条目对应的规定位置做出明确的标记，表示该操作条目已经操作完成。

操作人和监护人在现场倒闸操作过程中，必须严格按照操作票上的条目顺序执行操作，不得出现疏漏、颠倒等非正常操作。如果操作人和监护人对某项或某些操作条目存在疑问，或设备现场状态与操作票的内容不符，操作人必须立即停止当前操作，及时向当值的值长汇报有关情况，直到疑问得到明确回答后，操作人方可按要求继续执行操作。操作人和监护人绝不允许现场修改操作票的任何条目及内容，也不允许随意解除防误闭锁装置。当全部操作条目执行完毕，操作人和监护人必须认真复查操作票的内容及所操作设备的状态，以防出现操作漏洞。

3. 倒闸操作的后续工作内容

现场倒闸操作结束并且检查无误之后，操作人与监护人就可以开展现场后续工作。后续工作内容包括现场清理、倒闸操作归档和装备返还等。

操作结束后，监护人要及时记录本次倒闸操作的起止时间，监护人与操作人在操作票的相应栏目内各自签名，并在操作票上加盖表示“操作完成”的印章。监护人与操作人按要求共同清理倒闸操作现场，拆除临时用的测量仪器、设备和接线，清点各种工具和装备，必须保证现场恢复干净整洁，并且不得将任务物品遗落在现场。监护人与操作人随后将所借的工具、测量仪器和安全装备归还给库房，同时向当值的值长汇报此次倒闸操作的完成情况以及当前的现场及设备状态。

通常，风电场的变配电设备倒闸操作任务相对稳定，因此很多风电场会预制好各类倒闸操作任务的操作票，以提高倒闸操作任务的执行效率。本书作者与某风电场工作人员共同整理了若干倒闸操作任务，以供读者参考，相应的操作票可参考附录。

第 6 章　风电场定期运行检查

除了日常维护和设备操作，风电场每年都会组织若干次运行检查。风电场会根据当地的气候变化规律和设备运行周期来组织实施运行检查。风电场例行的定期运行检查通常会被安排在当地的枯风期，以减少设备停运所造成的经济损失。风电场定期运行检查内容繁杂，主要包括风电机组运行检查和变电站设备的运行检查。本章将重点介绍风电机组和变电站设备的运行检查流程、方法和相关注意事项。

6.1　风电机组运行检查

6.1.1　运行检查流程

风电机组运行检查是风电场运行管理的重要内容之一（韦恩・基尔柯林斯，2016），是根据一定的周期对服役中的风电机组进行例行检查，以提早发现设备缺陷、排除故障、消除隐患，掌握风电机组的实际健康状况的第一手材料，为提升风电场经济效益奠定坚实的基础。

风电机组运行检查应按照风电机组的维护手册与维护计划来开展，要对各部件和子系统逐项进行详细检查，尤其是叶片、轮毂、导流罩、主轴、齿轮箱、集电环、联轴器、发电机、空气和机械制动、传感器、偏航系统、控制部分、电气回路、塔筒、监控系统及配套设备等关键的设备、部件和子系统更需要细致检查。

风电机组运行检查应涵盖以下主要内容。

（1）整体外观检查。检查风电机组的法兰间隙、内外卫生以及各种设备的防水、防尘、防沙暴、防腐蚀等情况。

（2）附属设备检查。检查风电机组中各个部件或子系统的加热装置、冷却装置以及整机防雷系统。

（3）安全防护检查。检查塔筒的安全钢丝绳、爬梯、工作平台、塔门防风挂钩、机舱以及轮毂内的安全辅助设施。

（4）预防性试验。根据需要进行超速试验、飞车试验、正常停机试验、安全停机试验和事故停机试验。

（5）工具设备检验。检验电气绝缘工具、登高安全工具等设备是否仍然有效，是否超出正常使用期限（张劢等，2015）。

（6）控制系统测试。测试风电机组的控制系统、安全链以及远程控制系统的通信信道等，确保信噪比、传输电平、传输速率等技术指标达到额定值。

风电场要根据上述所有检查、检验、测试、试验等各项工作内容，制定严格的检查周期，所有检查任务必须由熟悉设备和操作的专门人员负责和操作。图6.1为风电机组定检实景。

图6.1　风电机组定检实景

6.1.2　关键部件运行检查

1. 发电机运行检查

1）发电机及故障概述

发电机是风电机组的核心部件，负责将叶轮旋转机械能转化为电能，向电网供电。发电机的主要部件有定子、转子、轴承、端盖、出线盒及传感器等。定子是发电机中固定不动的部件，由定子铁心、定子绕组等组成。转子带有集电环、电刷等结构，转子侧可以加入交流励磁，可输入电能也可输出电能。发电机长期运行于变化的工况和复杂电磁环境，容易发生故障。发电机的故障模式主要有振动过大、过热、线圈短路、转子断条以及绝缘损坏等。据统计，发电机故障中，轴承的故障占 40%，定子的故障占 38%，转子的故障占 10%，其他故障占 12%。图 6.2 为发电机结构。

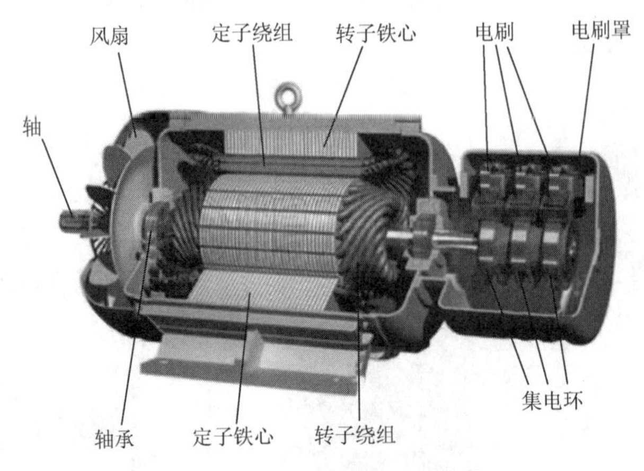

图 6.2　发电机结构

2）运行检查

发电机定期检查部位包括发电机电缆、风扇罩和风扇、接线盒、发电机地脚螺栓、发电机前后轴承、发电机润滑、橡胶支架等。

发电机的具体检查要求和方法如下所示。

（1）检查发电机的电缆。要求电缆无磨损、破裂、老化等现象，要求电缆固定牢固；如果电缆出现轻微磨损，需要用绝缘橡皮包扎；如果电缆的破裂和老化比较严重，则应立即予以更换。

（2）检查发电机的空气入口、通风装置和外壳冷却散热系统。要求风扇罩保持完好，风扇无窜动和破损，如果风扇发生窜动或破损，则应立即更换风扇。

（3）检查发电机的接线盒。要求接线盒保持完好的密封状态，接线端子未出现焦糊现象，电缆的接线端子紧固。

（4）检查温度传感器的电阻值。要求温度传感器的电阻值正常，如果温度传感器电阻值出现不正常现象，应立即更换备用的温度传感器。

（5）定期检查发电机的绝缘情况、直流电阻等电气参数。

（6）定期检查发电机固定情况。用力矩扳手紧固发电机的地脚螺栓、减振器螺栓及发电机减振器与底板连接螺栓。

（7）检查发电机的振动和噪声。要求发电机转动时无异常振动和噪声，如果发电机存在异常振动，则应立即停机检查发电机轴承，如发现磨损或破裂则需更换。

（8）检查发电机轴承的润滑油脂。要求发电机的前后轴承润滑良好，用油枪给发电机油嘴缓慢注入固定型号和固定用量的油脂，注油脂结束后清洁油嘴。

（9）检查发电机的转子轴、橡胶支架、接地等部件，分别要求不得出现偏差、破损和松动等问题。

2. 叶轮运行检查

1）叶轮及故障概述

风电机组安装于野外恶劣环境，处于无人值守状态。叶轮作为风电机组的主要部件之一，需要监测其运行状态，及早发现其潜在的故障。如果叶轮的故障得不到及时处理，轻则造成风电机组停机，重则造成叶片断裂、机组烧毁等恶性事故，经济损失巨大。

叶轮上易发生故障或损坏的部件是叶片。叶片故障可分为裂纹、凹痕、破损等不同类型，故障信息可通过监测到的叶片振动信号予以反映。理论上，当叶片出现裂纹时，振动信号中会伴随较强的高频冲击波，并且这些离散的故障信号可能存在于任意频段范围。图6.3为风电机组叶轮。

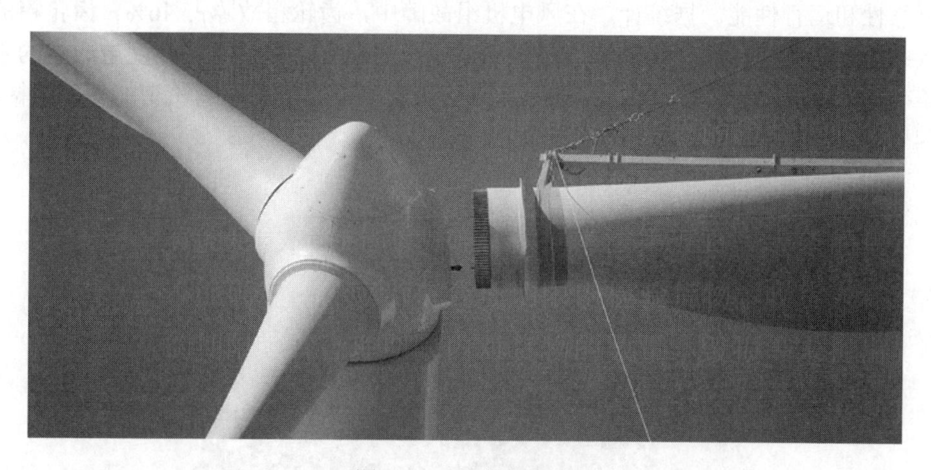

图6.3　风电机组叶轮

2）运行检查

叶轮由叶片、轮毂、变桨距系统等零部件构成，叶轮故障检查内容及要求如下所示。

（1）检查叶片外观，要求叶片的表面、边缘无裂痕、破损和裂缝等现象。

（2）检查变桨轴承润滑情况，要求变桨轴承内有充足的润滑油脂，油脂未出现明显的变色、异味和损耗。

（3）检查变桨距系统驱动器，要求减速机油位低于指定高度、无泄漏，电机碳刷良好，风扇运转正常。

（4）检查叶片安装角，要求叶片初始安装角未发生明显改变。

（5）检查变桨轴承外观，要求变桨轴承齿轮完好，未发生断齿和过度磨损，要求密封良好，未出现油脂泄漏。

（6）检查轮毂表面，要求轮毂表面无腐蚀、裂纹、剥落、磨损和变形等情况。

（7）检查叶轮连接螺栓，用力矩扳手检查和紧固各部位连接螺栓，要求所有螺栓紧固良好。

（8）检查叶轮接地系统，要求接地系统连接完好，未出现脱落和松动现象。

3. 齿轮箱运行检查

1）齿轮箱及故障概述

齿轮箱是风电机组主传动系统的关键部件，由箱体、轮系、润滑系统、冷却系统等组成。轮系结构采用行星传动和定轴传动相互混合的紧凑型轮系结构，常用的轮系结构为一级行星＋二级定轴。齿轮箱的工作状况直接影响到风电机组的可靠性和运行性能。据统计，在风电机组故障中，齿轮箱故障占 46%。齿轮箱的状态检测、故障诊断和定期检查是保障风电机组运行可靠性、降低度电成本的重要手段（刘靖和张润华，2015）。图 6.4 为一级行星＋二级平行齿轮箱的外部结构，图 6.5 为一级行星＋二级平行齿轮箱的内部结构。

图 6.4　一级行星＋二级平行齿轮箱的外部结构

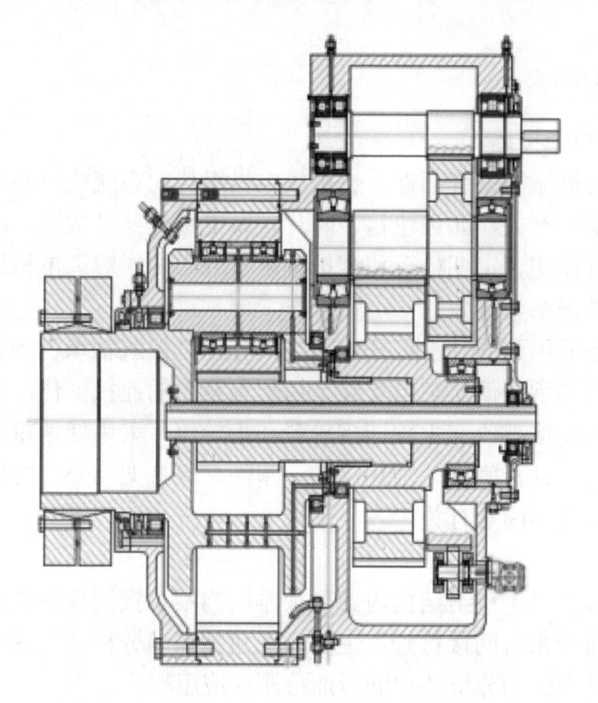

图 6.5　一级行星 + 二级平行齿轮箱的内部结构

2）运行检查

齿轮箱的运行检查内容和基本要求如下所示（杨锡运等，2015）。

（1）检查润滑油外观，目测润滑油的色泽良好，无明显变色和异味，油位不低于油标尺下刻度线。如果油位过低，则需要加注润滑油。

（2）检查润滑油性能，用油样采集瓶采集 100ml 润滑油，标签注明风电机组的型号、编号、油品名和采样时间，交由实验室检验。润滑油需要定期更换或根据化验结果更换。

（3）检查齿轮箱螺栓，用液压力矩扳手检查和紧固齿轮箱与机座、主轴与齿轮箱之间的连接螺栓。

（4）检查润滑油路，运行状态下观察齿轮箱油路循环情况，要求滤芯无堵塞报警。如果滤芯报警，则应尽快更换润滑油滤芯。

（5）检查润滑管路，要求齿轮箱各油管、各接头的密封完好。如果出现渗油、漏油以及油管老化、破裂等现象，则应尽快更换相应的管路和接头。

（6）检查油温、油压、振动等传感器，检查油温、油压、振动等传感器是否完好。如有异常应尽快测试或更换。

（7）检查设备劣化，检查齿轮箱座缓冲胶垫老化情况，齿轮不应出现过度磨损、胶合、裂纹、点蚀、塑变等现象，不得出现齿面断裂。

4. 轴承运行检查

1）轴承及故障概述

轴承是旋转机械的关键部件，也是风电机组传动系统的核心部件。风电机组中多数故障与轴承有关，如齿轮箱、叶片、发电机等部件故障。因此，对轴承运行状态进行实时监测、定期检查和维护轴承十分必要，对风电机组机械系统的故障诊断和运行维护意义重大。

风电机组上所用到的轴承可分为四类，分别是偏航轴承、变桨轴承、传动系统轴承和发电机轴承。偏航轴承安装于塔架与座舱的连接部位；变桨轴承安装于叶片根部与轮毂连接部位；主轴连接轮毂和齿轮箱，采用低速重载轴承支撑。轴承故障主要反映在轴瓦磨损、轴瓦烧伤、跑圈、保持架断裂等方面，大多与润滑油质量、可变载荷等因素有关。

2）运行检查

轴承被安装于风电机组结构内部，很难用肉眼直接巡视和检查，通常需要利用数据采集与监控系统间接检查，主要方法包括振动分析法、润滑油检测法、红外图像法等，其中振动分析法和润滑油检测法应用较广。

（1）振动分析法。振动分析法在旋转机械和其他发电装备的故障诊断中被广泛应用。风电机组的发电机、齿轮箱等部件的高速轴承可采用振动分析法诊断故障。风电机组的负载是非平稳的变量，影响时域和频域快速傅里叶分析法的振动分析性能。风电机组的主轴承和齿轮箱的低速轴承的转速通常为10～30r/min，转速较低、故障频率低，会被高通滤波器滤掉，加之环境噪声影响，使得频谱分析效果较差。而在冲击故障的瞬态性问题中，由于每次故障冲击间隔长，使用振动分析法很难准确检测到故障信号。同时故障点产生的冲击响应的频率较低，不能激励起较高的频率成分。以上原因限制了振动分析法在主轴承运行状态分析和故障诊断方面的应用效果。

（2）润滑油检测法。轴承故障大多与润滑不良有关，主要原因在于气温过低会造成润滑剂流动性变差，促使润滑剂无法到达润滑部位而导致轴承磨损。润滑剂散热不佳，会造成轴承和润滑剂过热，从而引起润滑剂提前失效或挥发，导致轴承滚动接触表面损坏。润滑油路的滤芯堵塞、油位传感器污染等问题，会造成润滑剂受到污染而失效，从而引起黏附磨损、腐蚀磨损、表面疲劳磨损、微动磨损和气蚀等故障。磨损出现后，轻则金属微粒会污染润滑剂，影响功率传递，增加噪声，造成轴承内外圈或滚珠损坏，重则使风电机组无法转动而停机。通过采集润滑油液，经由实验室分析润滑油液的化学成分，可清晰地掌握轴承润滑油、润滑脂、润滑剂的使用状态、使用环境和轴承金属表面理化情况。

6.1.3　其他部件运行检查

1. 塔筒运行检查

塔筒的主要检查内容和标准如下所示。

（1）定期检查塔筒连接螺栓的牢固程度，用力矩扳手检查和紧固塔筒上各法兰处的连接螺栓，保证螺栓没有松动、断裂等情况。

（2）定期检查塔筒内部电缆，要求电缆表面无磨损、无损坏、无扭缆等问题，电缆支架牢固地固定在塔筒上。

（3）检查塔筒结构件，要求导电轨、爬梯、平台、电缆支架、防风挂钩、门、锁、照明、安全开关等无异常。

（4）检查塔筒焊接质量，要求塔门、塔壁等处的焊缝无裂纹、无起泡等现象。

（5）检查塔筒涂层质量，要求塔筒内外表面无脱漆、无腐蚀等现象。

2. 主轴运行检查

主轴的主要检查内容和要求如下所示。

（1）检查主轴有无异常声音、部件有无破损、磨损、腐蚀。

（2）检查主轴螺栓，用力矩扳手检查和紧固各处连接螺栓，要求无松动、裂纹等现象。

（3）检查主轴轴承端盖，要求轴承端盖无泄漏、密封良好。

（4）检查主轴润滑系统，要求主轴润滑系统无异常，定期注油。

（5）检查主轴与齿轮箱的连接情况。

（6）检查避雷系统，检查碳刷和气隙，要求弹簧正常、牢固，碳刷最少为20mm，如磨损严重应及时更换。

（7）检查锁紧盘外观，要求保证锁紧盘前表面平面度。

3. 联轴器运行检查

联轴器的主要检查内容和要求如下所示。

（1）检查联轴器外观，要求联轴器表面涂层无裂纹，各处零件无变形、无破损。

（2）检查联轴器螺栓，要求联轴器螺栓确认无松动，如有松动则要及时紧固。

（3）检查联轴器的柔性连接，要求柔性连接无损坏、变形等情况。

（4）检查联轴器与发电机转子的同心度，要求同心度在规定范围。

4. 控制系统运行检查

风电机组的主控制器、变流器和变桨控制器彼此配合，构成了风电机组的控制系统。控制系统运行检查内容与要求如下所示。

（1）检查控制系统功能，检查控制系统各组成控制柜的各功能键，检查并测试控制系统的指令执行情况和功能是否正常。

（2）检查风电机组运行状态，检查控制柜的各接线端子、接触器及其热保护、冷却风扇以及紧急停机按钮等，要求无松动、接触良好、动作响应迅速。

5. 液压系统运行检查

液压系统是风电机组的动力来源之一，为变桨、偏航、制动提供了驱动力或制动力。

液压系统检查内容和要求如下所示。

（1）检查液压系统油路，要求液压油清洁无污染，过滤器运转正常。

（2）检查液压系统管路，要求液压系统各组成软管或钢管无损坏，接头良好、无泄漏。

（3）检查液压系统元件，要求压力表、安全阀等组成元器件保存完好，示值和动作正确。

（4）检查液压系统功能，要求偏航制动、变桨和主传动系统制动等功能实现正常。

6. 制动系统运行检查

风电机组一般有两套制动方案，分别是利用叶片收桨实现叶轮制动以及利用主传动系统制动系统制动。此处只介绍主传动系统制动系统的运行检修内容及要求。

（1）检查制动系统接线端子，要求接线端子无松动。

（2）检查制动系统钳盘结构，要求摩擦片磨损量在许用范围，钳-盘间隙不超过规定值。

（3）检查制动系统的制动盘，要求制动盘无松动、无裂缝，磨损量在许用范围。

（4）检查制动系统液压站压力，要求各检测点压力正常、无泄漏、无渗漏、油位正常。

（5）检查制动系统管路，要求接头密封完好，管路无破损、无老化，否则立即更换。

（6）检查制动系统连接螺栓，用力矩扳手检查和紧固各处连接螺栓。

（7）检查制动系统响应速度，测量制动响应时间，使制动系统响应时间小于规定时间。

7. 偏航系统运行检查

偏航系统运行检查内容和要求如下所示。

（1）检查偏航系统密封情况，要求减速机、偏航轴承有充足的油脂，无渗漏现象。

（2）检查偏航系统连接螺栓，用力矩扳手检查和紧固塔顶法兰与偏航轴承连接螺栓。

（3）检查偏航轴承润滑情况，要求定期、定量向偏航轴承中加注指定型号润滑油脂。

（4）检查偏航轴承齿圈，要求轮齿无断齿、无崩齿、磨损少。若有断齿、崩齿现象，则要更换齿圈。如果发生磨损，若不影响系统运行，不必更换，但需要持续观察，否则必须更换。

（5）检查偏航系统功能，要求偏航电机、极限开关、偏航制动、解缆等功能正确响应。

8. 传感器运行检查

风电机组的传感系统十分复杂，包括风速仪、风向仪、转速传感器、振动传感器、温度传感器、压力传感器、位置传感器、计数传感器等。

传感器运行检查内容和要求如下所示。

（1）检查风速仪和风向仪，要求风速仪和风向仪的固定支架与信号线固定牢固，风杯与风标转动灵活。

（2）要求转速传感器与被测对象之间保持适当间隙，通常为2.5～3mm。间隙过大或过小均需重新调整。如果传感器无法正常工作，则应更换。

（3）检查偏航位置传感器，要求传感器动作正常、可靠。可触动解缆开关来测试解缆动作及传感器有效性。若不执行解缆动作，则需更换传感器。若响应错误，则需要调整接线。

（4）检查偏航系统的扭缆开关，要求扭缆开关动作正常、可靠。可拉动扭缆开关，通过安全链响应，使风电机组停机。若不执行停机动作，则需更换传感器。若响应错误，则需要调整接线。

（5）要求计数传感器与被测对象之间保持适当间隙，通常为2.5～3mm。间隙过大或过小均需重新调整。若传感器无法正常工作，则应更换。

9. 其他运行检查

除了上述关键部件、设备及子系统的运行检查，风电机组中仍有很多部位需要定期检查，以消除隐患，具体检修内容和要求如下所示。

（1）检查集电环磨损程度，清理集电环。

（2）检查碳刷表面，必要时需要更换或打磨。

（3）检查弹簧、支架、接线等部位，检查引线与刷架连接螺栓是否松动。

（4）检查和清洁滑环隔板。

（5）测试控制柜固定情况及面板上按钮功能。

（6）检查照明、设备等电缆破损情况，检查接线端子、接地等松动情况。

（7）检查提升机，要求提升机工作无异响，吊链无脱焊和卡涩现象。

（8）检查机舱内各处的加热装置，要求全部加热装置工作正常、无损坏。

6.2　变电站设备运行检查

6.2.1　变压器运行检查

1. 变压器运行方式

风电场明确规定了变压器的运行方式、运行状态以及油温、线圈温度、一次侧电压、绝缘电阻等参数。

（1）一般要求变压器在额定使用条件下全年可按额定容量运行。

（2）油浸式变压器的上层油温不宜经常超过 75℃，最高不超过 85℃，温升最高不超过 55℃。干式变压器线圈外表温度为 F 级绝缘水平的温升不超过 100℃，当环境温度为 35℃时最高允许温度不超过 135℃。

（3）变压器的外加一次电压可以较额定电压高，但一般不得超过相应分接头电压值的 5%。不论电压分接头在何位置，如果所加一次电压不超过相应额定值的 5%，则变压器的二次侧可带额定电流。

（4）有载调压变压器各分接头的位置额定容量应遵守厂商规定。

变压器在新安装、检修后或停运超过半个月等情况下，送电之前必须重新测量绝缘电阻，同时要详细记录绝缘电阻的测试条件，例如，时间、天气、油温等。

测试要求如下所示。

（1）如果变压器线圈的运行电压低于 500V，需要使用 500V 摇表；如果线圈的运行电压高于 500V，则使用 2500V 摇表。

（2）测量项目包括一次对二次电压、一次对地电压和二次对地电压。

（3）在测量变压器的绝缘电阻时，测量前和测量后均应完成被测设备的对地放电。

（4）如果变压器中性点接地，运行和维护人员在测量前应拉开中性点刀闸。

（5）一次对二次的绝缘电阻不得低于一次对地的绝缘电阻。

2. 变压器投运检查

变压器投运前，为了避免故障和不必要的损失，风电场必须对变压器进行投运前检查。主要包括以下检查项目。

（1）变压器及附属设备标志、相位油色等清晰可辨，变压器及其周边清洁、无杂物，变压器顶部、导线等部位无遗留物。

（2）变压器的放油池及排水设施完好。

（3）变压器的防雷设施符合规定，接地装置完好。

（4）变压器绝缘的测试和目视检查合格。

（5）变压器各部位的油位、油色正常，截门开闭位置正确。

（6）变压器套管清洁，充油套管油位正常，无破损裂纹及放电痕迹等异常现象。

（7）分接开关在规定位置，有载调压装置正常，就地指示值与中央控制室指示一致。

（8）变压器各部导线接头接触牢固，无过热现象。

（9）变压器防爆管的隔膜完好，压力释放器完好无损。

（10）吸湿器的吸附剂填装完好，未超出使用期限。

（11）瓦斯继电器充满油，内部无气体，截门在全开位置，引线良好。

（12）保护、测量、信号及控制回路的接线正确，标志齐备，试验良好，保护在投入中。

（13）检查变压器高/低压侧及中性点各组 LH 无开路，YH 无短路和漏油现象。

（14）温度计、压力表、测温元件等回路完好。

（15）新装或有接线、回路拆装变动的变压器，投运前必须检查相位。

3. 变压器运检操作

风电场在变压器投运后需要根据变压器的特点和运行情况制定合理的定检与维护制度，重点是油品、外观、声音、耗材等的定检和维护。变压器的定检和维护内容包括以下几方面。

（1）储油柜的油位应与温度相对应，无渗油、漏油现象。

（2）套管油位正常，套管外无破损、油污、放电及其他异常迹象。

（3）变压器声音正常。

（4）吸湿器工作正常，吸附剂干燥。

（5）引线接头、电缆、母线无发热迹象。

（6）压力释放器、安全气道及防爆膜保持完好。

（7）有载分接开关的分接位置及电源指示正常。

（8）瓦斯保护装置内无气体，运行正常。

（9）控制箱、二次端子箱等部位密闭、未受潮。

（10）干式变压器外表面无污物，冷却系统正常。

此外，另一项重要的变压器定检内容是瓦斯保护，具体要求如下所示。

（1）要求重瓦斯投跳闸，轻瓦斯投信号。

（2）要求瓦斯保护与差动保护不能同时停用。

（3）如果油位指示异常升高或油路系统存在异常，未断开瓦斯保护跳闸压板前，不可打开放气和放油阀门，以防瓦斯保护误动作。

（4）当运行中的变压器进行注油、放油、滤油、更换硅胶、处理呼吸器，以及打开除瓦斯继电器上部放气阀门外的其他放油或放气阀门时，应将变压器重瓦斯由“跳闸”位置改接到“信号”位置。

（5）开/关瓦斯继电器连接管上的阀门时、在瓦斯保护及其二次回路上进行工作时，重瓦斯应由“跳闸”位置改接到“信号”位置。

（6）变压器注油、滤油、更换硅胶及处理呼吸器等工作完成 1 小时后，方可将重瓦斯投入跳闸。

（7）新安装或检修后的变压器投入运行时，应将重瓦斯投入跳闸侧。

（8）充电或备用变压器的瓦斯保护应正常投入，其有载调压装置及瓦斯保护投“跳闸”位置。

（9）当出现地震预警时，应根据变压器的具体情况和瓦斯继电器的抗震性能，确定重瓦斯保护的运行方式。因地震引起重瓦斯动作而停运的变压器，投运前应检查和试验变压器及瓦斯保护。

4. 变压器紧急停止

若无故障及风险，变压器一般会常年持续运行状态。变压器的紧急停止判定条件如下所示。

（1）变压器声音明显增大、声音异常，内部出现爆裂声。

（2）变压器严重漏油或喷油，油面降至低于油位计指示限度，无法恢复。

（3）套管存在严重破损和放电现象，引线端子严重过热，甚至熔化。

（4）变压器冒烟或着火。

（5）干式变压器的绕组有放电声，伴随有异味；铁心温度急剧升高，无法有效冷却。

（6）发生人身触电事故。

（7）正常条件下，变压器上层油温超过最高允许值并持续升高。

（8）变压器发生故障，但保护装置拒动。

（9）周边发生火灾、爆炸或其他情况，危及变压器安全。

6.2.2 GIS 设备运行检查

六氟化硫（SF_6）封闭式组合电器，即气体绝缘开关（gas insulated switchgear，GIS）设备是将一座变电站中除变压器以外断路器、隔离开关、接地开关、电压互感器、电流互感器、避雷器、母线、电缆终端、进出线套管等一次设备，经优化后有机组合成的一个整体。图 6.6 为 GIS 设备外形图。

图 6.6 GIS 设备外形图

SF_6 是由法国人发现的一种人工合成惰性气体。SF_6 气体无色、无味、无臭、不燃，常温下化学性质稳定。SF_6 是应用广泛、品质优良的绝缘气体，0.29MPa 压力下的绝缘强度与变压器油相当，灭弧能力是空气的 100 倍。

1. GIS 设备运行要求

GIS 设备为全封闭设备，带电部分处于金属外壳内，绝缘性能不受外界环境影响。GIS 设备在运行中应尽量避免拆开检查，若无法避免应尽量使拆解工作减少到最低限度，以保证 GIS 设备不会因水、灰尘等的影响而造成部件损坏或性能下降。通常，GIS 设备维护应以 SF_6 气体管理为主，以确保 GIS 设备安全运行。

为了保证 GIS 设备运行良好，工作压力设定标准如下：断路器气室的额定压力为 0.6MPa，报警压力为 0.55MPa，闭锁压力为 0.5MPa；其他气室的额定压力为 0.4MPa，报警压力为 0.35MPa，最低运行压力为 0.3MPa。

2. GIS 设备巡检操作

虽然 SF_6 是惰性气体，但在 GIS 设备灭弧过程中存在分解的可能性。为确保人员和设备安全，GIS 设备需要周期性巡视和检查。GIS 设备巡视和检查的内容如下所示。

（1）GIS 设备应以天为周期进行巡视和检查，在雷雨、酷热等极端天气条件下应增加巡视次数。

（2）人员进入 GIS 开关室前，必须首先启动通风设备并保证室内持续通风一段时间，时刻保持室内空气流通。

（3）设备出现泄漏或检修工作结束，GIS 开关室应连续长时间通风。

（4）GIS 开关室通风系统要求无异常声音、设备完好、通风口畅通。

（5）GIS 设备无异常噪声、无异味、无外壳支架锈蚀或其他异常现象。

（6）开关、隔离刀闸、检修接地刀闸等的位置指示器与运行方式相符。

（7）开关操作机构压力、气室压力、油位指示等正常，无漏油、漏气等迹象。

（8）GIS 设备、端子、套管等处应无腐蚀、松脱、放电、烧焦、污染、错误指示等现象。

（9）GIS 设备检修时，GIS 开关、隔离刀闸、检修接地刀闸的联锁装置应运行正常。

3. GIS 设备运行操作

GIS 设备是风电场重要的电气装置，220kV GIS 设备操作必须经值长同意，并按值长指令执行操作。正常情况下，220kV 开关操作必须在中央监控室内由计算机进行远程控制操作。当远程控制操作出现故障或无法实现时，方可在风电场值长指令下开展就地操作。操作前确认无人在 GIS 设备外壳上工作。

GIS 设备的开关、隔离刀闸、检修接地刀闸等除了可以电动操作，还可以实施手动操作，但一般情况下不得手动操作。如果确需就地操作 GIS 设备，应在熟练掌握各个设备的实际位置条件下，在控制柜上将操作方式选择开关打至“就地”，且联锁方式选择开关仍在“联锁”位置。一旦操作完成，要将控制方式选择开关放到“远方”，联锁方式选择开关在“联锁”位置。运行和维护人员应在 GIS 开关站检查现场设备的位置指示是否正常，检查现场控制柜模拟、操作机构与中央监控室的监控系统画面指示是否相对应，位置指示以操作机构上的指示器为准。

如果 GIS 设备任一间隔发出“闭锁”或“隔离”信号，则此间隔上任何设备禁止操作，运行和维护人员需要尽快汇报值长、请求检修，待处理正常后方可操作。如果 GIS 设备维修或调试工作需要拉合相应的接地刀闸，均使用就地控制方式操作。在 GIS 设备操作前，运行和维护人员应先联系中央监控室并检查该接地刀闸两侧相应的隔离刀闸、开关，确保其均在分闸位置，然后才可操作。

通常，GIS 设备的正常运行操作包括以下几种。

（1）计算机监控系统远程开关合闸/分闸操作。

（2）利用控制柜进行开关、刀闸、接地刀闸的合闸就地操作与分闸就地操作。

（3）利用操作柜进行开关、刀闸、接地刀闸的解除闭锁分闸与合闸就地操作。

（4）利用设备本体操作机构进行刀闸、接地刀闸的分闸与合闸操作。

6.2.3　配电设备运行检查

配电设备是电力系统中对高压配电柜、发电机、变压器、电力线路、断路器、低压开关柜、配电盘、开关箱、控制箱等设备的统称，可理解为接受和分配电能的装置，用于完成进/出线回路之间的连接。

配电装置不仅包括母线、断路器、隔离开关、互感器等电气设备，还包括继电保护装置、测量表、测量计以及架构、电缆沟、房屋通道等辅助设备。配电装置是汇集电力、结构、土建等相关技术于一体的整体装置，最终用于实现风电机组、变压器、线路等回路的连接。配电装置的安装地点分为室内和室外，配电装置的装配方式分为成套式和装配式。这些种类的配电装置在风电场都有应用。本节将简要介绍配电装置的日常运行操作和检修工作内容。

1. 开关的运行检查与操作

1）真空开关投运前检查

真空开关在投运之前，必须进行检查，以保证真空开关能够正常使用。真空开关的具体检查内容如下所示。

（1）新安装或维修后的真空开关需要经过工频耐压检测，保证灭弧室的真空度和开关的绝缘性能。

（2）真空开关的各部件要求清洁和完整，不得出现破损或脱落，其紧固件不得出现松动现象。

（3）当开关采用手动操作模式时，要求电动拉合闸试验良好、传动试验良好。

（4）灭弧室必须保证没有破损、无变形，内部屏蔽罩的颜色要正常，不得出现氧化现象。

（5）弹簧操作机构手动操作时，电动储能要求状态良好。

图 6.7 为真空开关。图 6.8 为真空开关弹簧操作机构。

图 6.7　真空开关

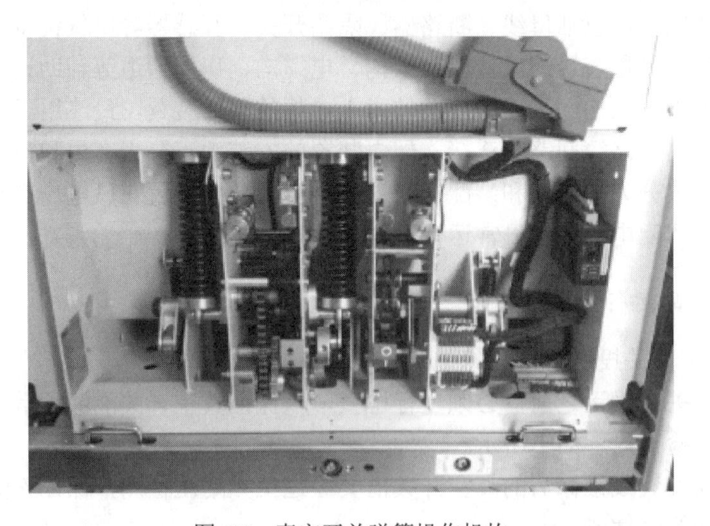

图 6.8　真空开关弹簧操作机构

2）真空开关运行检查

真空开关在投运后，需要定期进行必要的检查，其检查内容如下所示。

（1）开关机构及本体不得出现破损、变形和断裂现象。

（2）定期检查开关动作的次数和触头的开距及磨损量。

（3）灭弧室玻璃罩的颜色应保持正常。

（4）分合闸指示必须正确，储能状态良好，行程开关接触良好。

3）真空开关操作和注意事项

真空开关需要按照规定启用开关保护，投入控制直流、操作直流和信号直流，检查真空开关是否出现异常现象。带同期的开关必须考虑进行同期检定。

2. 刀闸的运行检查与操作

1）刀闸投运前检查

新安装或维修过的刀闸，在投运前需要进行必要的检查，具体的检查项目、内容和要求如下所示。

（1）绝缘电阻不得低于 1000MΩ。

（2）瓷瓶的泄漏电流必须合格。

（3）刀闸的各部件应保持清洁和完整，连接要求牢固。

（4）刀闸底座基础要牢固。

（5）触头没有出现污锈和烧损的痕迹。

（6）操作机构分合闸指示必须正确，动作要平稳，没有出现卡涩现象，限位要准确。

（7）相序正确。

（8）金属外壳的接地要求良好。

图 6.9 为隔离开关及接地刀闸。

图 6.9　隔离开关及接地刀闸

2）刀闸运行检查

（1）刀闸以及开关室不得出现漏水、蒸汽等现象。

（2）接头和各线夹不得出现松动、脱落和过热现象。

（3）保证刀闸必须接触良好，不能出现过热和放电现象。

（4）瓷瓶要保存完整，不得出现破损和裂纹现象。

（5）雨雪等特殊天气条件下，要求重点检查是否有电晕放电、绝缘部分闪络放电、连接处过热等现象。

3）刀闸的操作方法

运行和维护人员在闭合刀闸之前，应该检查接地刀闸是否在开位，并且要先拉开开关的操作电源。操作时，要先闭合母线侧刀闸，后闭合负荷侧刀闸。操作后，要检查刀闸是否接触良好，辅助节点转换是否正常。分闸的顺序与上述过程刚好相反。

此外，要求运行和维护人员手动合刀闸时，不应用力过猛，投入要迅速，断开要稍慢。如果出现带负荷误合刀闸问题，必须将合闸操作进行到底，不允许将刀闸拉开，在用开关切断回路后，方可拉开刀闸。

当运行和维护人员在带负荷情况下拉刀闸时，拉开的距离一定要很小，而发生火花时，应立即改变方向，合上刀闸。对于带有闭锁装置的刀闸，如果操作完成，应该检查刀闸操作机构是否闭锁良好。

此外，允许运行和维护人员利用刀闸进行下列操作。

（1）拉合无故障的电压互感器和避雷器。

（2）拉合变压器中性点接地刀闸。

（3）拉合母线空载电流。

（4）与开关并列的旁路刀闸在开关合闸后，可拉合旁路电流。

（5）拉合励磁电流不超过 2A 的空载变压器和电容电流不超过 5A 的无负荷线路。

3. 电缆的运行检查与操作

1）电缆的运行要求

（1）电缆应该按照许用参数运行，不得超出其使用电压。电缆线路的正常工作电压不应超出电缆额定电压的 15%，而且原则上不允许过负荷。即使在处理事故时，电缆出现过负荷的现象，也必须迅速恢复正常电流。电缆过负荷运行后，应该立即进行检查，并保证附近没有强热源。

（2）放置电缆的电缆沟、电缆夹层、电缆桥架、电缆竖井、电缆小室应该进行定期检查。如果在上述地点进行接触火源的相关工作，必须获得动火的相关许可，并制定严格的防范措施。

（3）电缆正常运行时，不应该出现发热、变色、异味等现象。如果运行中的高压电缆没有安全防护措施，动力电缆接地不良，那么不得触摸电缆的外表。运行中的动力电缆和控制电缆的导体，其温度均应该有最高温度的限制。

（4）放置电缆的电缆沟、电缆夹层、电缆桥架、电缆竖井、电缆小室的盖板、门窗、支架、防火设施等均应该保持完好和牢固。

2）电缆外观的检查

（1）电缆的外皮和接头不应出现破损、变色、过热、异味等现象。电缆的拐弯半径应该符合要求，不得出现打折现象。

（2）电缆的接地线也应该保持良好，不应出现松动、脱落等现象。电缆的接头要保持完整、牢固和清洁，不应出现放电等现象。

（3）电缆沟、电缆夹层的内部不应该存有积水、积灰、积油以及其他污秽杂物。

图6.10为电缆，图6.11为电缆沟。

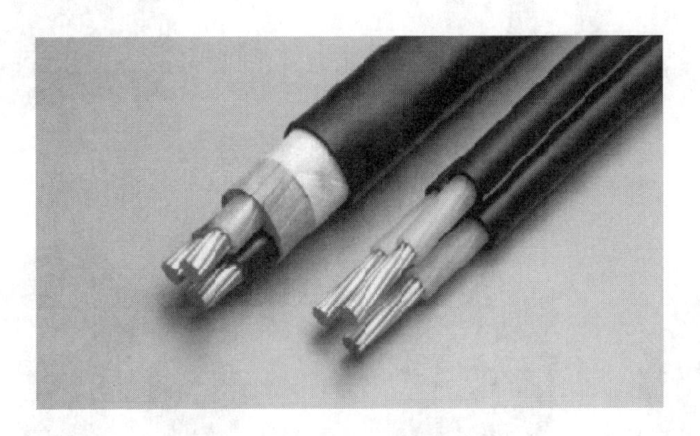

图6.10　电缆

图6.11　电缆沟

4. 互感器的运行检查与操作

互感器是风电场变电站的重要设备之一。风电场主要采用电压互感器、电流互感器等两种互感器。图 6.12 为不同类型的电压互感器，图 6.13 为不同类型的电流互感器。

图 6.12　不同类型的电压互感器

图 6.13　不同类型的电流互感器

1）互感器的使用注意事项

（1）在任何情况下，电压互感器的二次侧都严禁出现短路，电流互感器的二次侧严禁出现开路。

（2）电压互感器不允许无故停用，如果风电场在运行中出现了较为明显的故障，严禁拉出电压互感器；电流互感器不能随意增加负荷，不允许长时间过负荷运行。

（3）新安装、更换或检修后的互感器必须通过试验，并且由继电保护设备的运行和维护人员核对变比、相序、相位和保护定值。当互感器的二次侧出现开路或短路时，应该申请退出保护装置，以防保护装置出现误动，如果危及人身和设备安全，则可以停运互感器。

（4）在电压互感器的二次侧接取电压时，必须在靠近电源侧加装合适的熔断器或空气开关，电流必须与上一级熔断器相配合，以防互感器的二次侧短路，造成保护误动、熔断器越级熔断。当停运电压互感器时，应该先停直流电源，之后再停交流电源，而送电时则相反。

2）互感器投运前检查

（1）试验人员要对互感器进行试验，测试互感器的耐压、绝缘电阻和介质损耗等指标，检查极性、相序、相位和变比等，确保正确、合格。

（2）互感器必须要有合理的接地点，而且接地必须良好。

（3）各部位的紧固螺纹连接不得出现松动现象。

（4）互感器的油位和油色应保持正常。

（5）互感器的各部位应保持清洁，无漏油、无杂物等。

（6）互感器的套管不应出现裂纹现象。

3）互感器投运后定期检查

在互感器投运之后，要定期对其进行检查，检查和判别标准如下所示。

（1）互感器的各个仪表指示正常，保护装置不应出现异常信号。

（2）互感器的各部位不应出现脱落、松动、发热、放电、焦味、放电噪声、铁磁谐振和异常振动等现象。

（3）互感器的外部不应出现变形、变色等现象，瓷瓶不应出现闪络及破损。

（4）电压互感器、电流互感器的二次侧接地应保持良好。

（5）电流互感器的油位指示要保持正确，并且不能出现渗漏油现象。

5. 避雷器的运行检查与操作

避雷器是风电场变电站必备的安全设备，用于避免变电站内的其他重要设备在雷雨天气被雷电击毁，避免造成重大的设备损坏和人员伤亡。

1）避雷器投运前检查

为了保证避雷器的安全可靠使用，在投运前必须进行严格的检查，检查和判别标准大致如下。

（1）新安装或检修后的避雷器需要进行高压试验，确保合格。

（2）避雷器的瓷瓶应该保持清洁且完好。

（3）避雷器的连接线和接地线都应该保持完好牢固。

（4）避雷器在安装和使用时，不应出现倾斜现象，均压环要牢固完整。

（5）避雷器的绝缘电阻要保证合格。

图 6.14 为不同类型的避雷器。

图 6.14　不同类型的避雷器

2）避雷器投运后定期检查

避雷器在投入使用之后，运行和维护人员也要定期对其进行检查和维护，检查内容和判定标准如下。

（1）避雷器内部有无声响。

（2）避雷器是否出现放电现象。

（3）雷雨后，运行和维护人员需要检查发电记录器是否动作，并查看示值。

（4）在大风天气，运行和维护人员要着重注意避雷针的摆动情况，务必确保引线和拉线牢固。

（5）如果绝缘套管出现爆炸、破裂、严重放电和连线松动等现象，并且存在脱落危险或内部有放电声等故障，应该立即停用避雷器。

6. SVG 装置的运行检查与操作

为了有效地降低风电场接入电网所带来的负面影响，电网规定：仅靠风电机组的无功容量无法满足电力系统的电压调节需要，应该在风电场集中加装适当容量的、具有自动电压调节能力的无功补偿装置。

因此，风电场需要配置动态无功补偿装置，动态无功补偿装置可以有效地解决风电场接入电网后所带来的诸多不良影响。目前，能够实现可调式无功动态补偿的装置主要包括以下几种。

（1）电容器分组设置。

（2）串联电抗器前设置电压调压器形式的调压器型可调电容器组。

（3）采用晶闸管控制电抗器（thyristor controlled reactor，TCR）和磁阀式可控电抗器（magnetically controlled reactor，MCR）的静态无功补偿装置（static var compensate，SVC）。

（4）静态无功发生器（static var generator，SVG）。

（5）SVG + FC（补偿电容器组）的并联装置。

以上 5 种类型设备在工程实际中均有应用，其中 SVG 目前在风电场中应用最多。图 6.15 为 SVG 基本原理，图 6.16 为 SVG 装置。

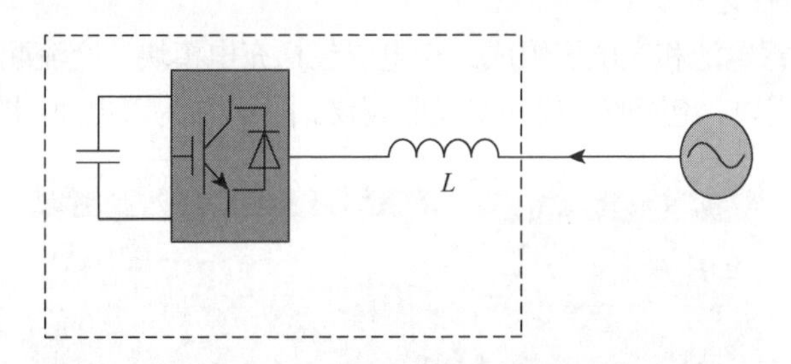

图 6.15　SVG 基本原理

图 6.16　SVG 装置

SVG 的无功补偿采样点在主变高压侧，但在主变低压母线上进行补偿。补偿控制目标是电压和功率因数，第一控制条件是电压。当电压满足控制要求时，以功率因数作为调节目标实现无功调整的控制策略。

6.2.4　直流系统运行检查

直流系统是给控制、信号、保护、自动装置、事故照明、应急电源及断路器分合闸操作提供直流电源的电源设备。直流系统是一个独立的电源，不受风电机组、场用电及系统运行方式的影响，在外部交流电中断的情况下，能够保证由后备电源——蓄电池，继续提供直流电源的重要设备。直流系统的用电负荷极为重要，对供电的可靠性要求也很高。直流系统的可靠性是保障风电场、变电站安全运行的决定性条件之一。

直流系统由蓄电池和充电屏组成。充电屏包括充电模块、交流配电、直流馈电、配电监控、监控模块、绝缘监测仪和电池监测仪。图 6.17 为蓄电池，图 6.18 为充电屏。

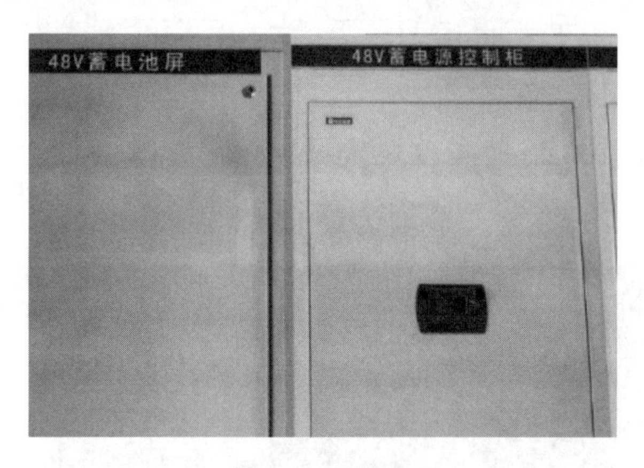

图 6.17　蓄电池

图 6.18　充电屏

充电屏的各部件作用如下所示。

（1）充电模块完成 AC/DC 变换，实现系统最基本的功能。

（2）交流配电将交流电源引入并分配给各个充电模块，扩展功能可实现两路交流输入的自动切换。

（3）直流馈电将直流输出电源分配到每一路输出。

（4）配电监控负责采集和处理系统的交流、直流中的各种模拟量和开关量信号，同时提供声光告警。

（5）监控模块用于管理系统，包括电池管理和后台远程监控管理。此外，监控模块还负责采集和显示下级智能设备的数据。

（6）绝缘监测仪用来监测系统母线和支路的绝缘状况，产生告警信号并上报数据到监控模块，在监控模块中显示故障的详细情况。

（7）电池监测仪则支持单体电池电压监测和告警，对电池端电压、充放电电流、电池房温度及其他参数做实时在线监测。

图 6.19 为绝缘监测仪，图 6.20 为电池监测仪。

图 6.19　绝缘监测仪

图 6.20　电池监测仪

第 7 章　变电站常见故障及其处理

风电机组的电气系统通过变频器等电气设备与电网相连，向电网输送电能，同时控制电能参数。电气系统部件多，发生故障的概率大，常见故障类型有短路故障、过电压故障、过电流故障以及过温故障等。电气系统的任意部件出现故障，都有可能直接或间接引起发电机的损坏。根据电气系统的特点，运行和维护人员可以采取性能参数检测法，例如，通过检测输出电压、电流、功率和温度是否与正常值相一致，从而判断电气系统的各个部件是否处于正常状态。

7.1　变频器故障及其处理

1. 变频器概述

一些种类的风电机组在运行时要将发电机定子绕组直接接入工频电网，转子绕组与变频器相连，使励磁电流的幅值、频率、相位以及相序可调。当风速变化时，发电机转速随之变化，变频器则通过控制转子励磁电流来改变转子磁场的旋转，使发电机的输出电压、频率与电网保持一致。图 7.1 为变频器组成部件。

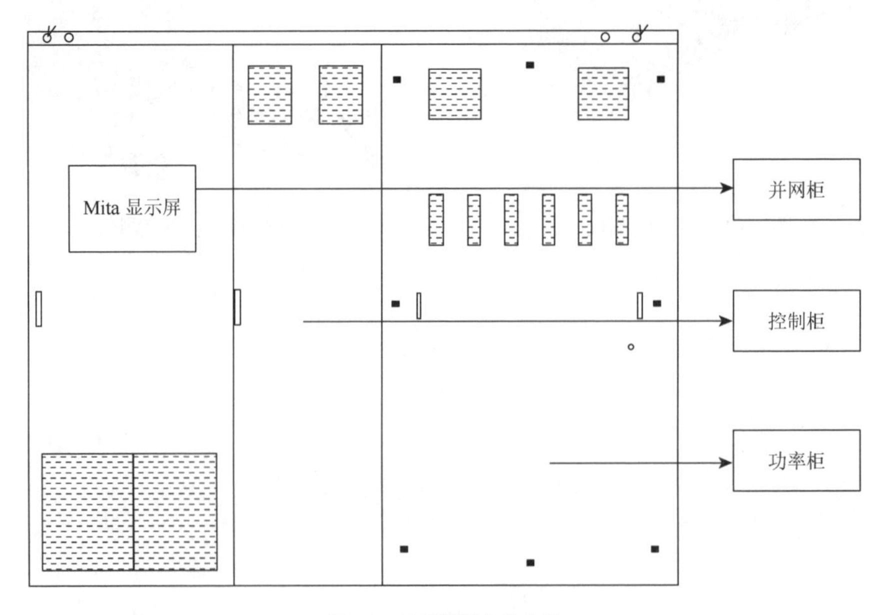

图 7.1　变频器组成部件

2. 变频器故障分析

在实际应用中，变频器的电子元件极易受到外界的温度、湿度、振动、粉尘、腐蚀性盐雾等环境条件的影响，性能会发生一定变化。如果变频器能够使用合理、维护得当，其使用寿命将有可能延长，备件消耗也会更低；反之，如果变频器使用不当、缺少维护，那么变频器故障将会显著增多，元器件也会出现损坏现象，甚至导致变频器出现重大损坏。例如，粉尘堆积可能造成元器件发热和损坏。粉尘静电可能造成控制板芯片损坏。盐雾侵蚀可能导致电气线路之间的绝缘下降，从而造成损坏。螺钉松动可能造成连接电缆发热熔毁，甚至引起变频器火灾事故。

变频器的故障种类很多，包括参数设置类故障、过压类故障、过流类故障、过载类故障及硬件类故障等几大类。

3. 变频器故障处理过程中的安全事项

（1）运行与维护人员不得接触变流器、发电机电缆等带电部位；如果确实需要接触，则必须先断开电源，等电容放电到安全电压之后方可接触。工作前，运行与维护人员需要使用万用表来测量变频器直流母线之间的电压，确认变频器已经放电完毕。

（2）当主电路带电时，变频器机柜可能带有高电压，运行与维护人员在操作之前必须先用万用表测量电压，以防止高压触电。

（3）变频器机柜内的散热器在断电后仍需一段时间才能彻底冷却下来，运行与维护人员在处理故障时要小心烫伤。

（4）变频器柜内的散热风扇在断电后仍将持续转动一段时间，运行与维护人员要当心被风扇叶片划伤。

（5）变频器机柜中一些元器件对静电十分敏感，运行与维护人员在操作时需要佩戴防静电装备。

（6）当运行与维护人员在检修和维护变频器时，要注意关闭相应的开关或断路器。分器件的相关操作必须断开箱变（即箱式变压器，可简称箱变）开关，变频器接线断开前，严禁进行绝缘测试。

4. 检查内容、要求及处理方法

变频器的检查内容与要点如下所示。

（1）检查变频器柜体外壳有无损坏、变形和油污。如果发现有上述情况，则需要尽快清理。

（2）变频器的空气滤网要及时清理，必要时要进行更换。

（3）变频器冷却风扇进气口处的粉尘等污物要及时清理，确保变频器散热良好。

（4）检查 IGBT 功率模块散热片栅格间有无粉尘等污物。如果有污物堆积，则必须尽快清理，以防止设备散热不良。

（5）检查箱变过来的接地线、变频器地线、变频器平台接地线是否松动，确保连接可靠。

（6）检查功率回路，查看大电流导线是否腐蚀、过热变色或破损。如果发现上述情况，则需要及时处理或更换。

（7）运行和维护人员可使用力矩扳手检查和紧固功率回路上铜排、电缆等的螺栓连接，确保连接牢固。

（8）检查所有控制电路板件的接线、接插件是否出现松动。

（9）检查冷却风扇功能是否正常，有无异响或异常振动。如果发生上述情况，则应尽快处理，若有必要则可更换。

7.2　变压器故障及其处理

7.2.1　自动跳闸及其处理

如果变压器发生自动跳闸故障，则需要先查明保护报警的种类，判定是何种保护装置动作，之后尽快报告场长或值长，并在场长或值长的安排下进行响应处理。

1. 差动保护动作

运行和维护人员首先对变压器差动保护范围内的全部电气设备进行外部检查，检查是否存在损坏或闪络现象，检查变压器的油位、油色、压力释放装置、温度、瓦斯继电器等。在停电状态下，要测定绝缘电阻值，检查保护及二次回路。

经检查，如果不是变压器自身的故障，则要等待外部故障消除后，变压器方可投入运行和使用。如果变压器自身存在故障，则要等待检修人员试验合格后，变压器方可投入运行和使用。对于无差动保护的变压器，当瞬时过电流保护动作时，则应按照差动保护动作所规定的内容检查和处理。

2. 过流保护动作

首先根据表计来判断是否存在短路冲击、电压下降等现象。如果是保护误动、误碰的二次回路故障，变压器可以不进行外部检查，可直接重新投入运行和使用。如果是由外部故障引起的越级跳闸，则当外部故障消除后，经过外部检查合格之后，变压器方可投入运行和使用。

7.2.2　着火及其处理

变压器起火时，如果瓦斯或差动保护没有动作，那么应该立即断开断路器及隔离开关，同时通知消防救援部门，启动变压器的消防装置，及时上报有关火灾情况。火灾问题处理过程中，需要根据具体情况实施相应的处理方案。

如果变压器的顶盖起火，则需要打开下部的放油门进行放油，使油面低于起火点。如果是变压器内部起火，压力释放阀不返回或动作频繁，而且有向外喷油、冒烟等情形出现，为了防止变压器爆炸，不可以放油。为了保险起见，变压器起火后，应该果断采取必要的隔离措施，防止火势的进一步蔓延，并将受影响或直接关联的带电设备停电。变压器起火，需要根据消防应急预案选用适当种类的灭火器、消防沙等设备扑灭火情。图 7.2 为风电场变压器起火扑救。

图 7.2　风电场变压器起火扑救

7.2.3　油温异常及其处理

如果变压器的油温出现异常情况，则应该检查变压器的负载和冷却介质的温度。运行与维护人员需要将异常温度与相同负载和冷却介质温度下的正常温度进行认真比对，同时检查测温装置。如果负荷、冷却条件和测温装置正常，而且变压器的油温异常且持续升高，这意味着变压器很可能存在内部故障，应该立即停运变压器。

变压器的油温与油位存在一定的关联性，油温异常会伴随着油位的异常。变压器的油位会因为温度升高而升高，并且可能高出油位计的指示极限。此时，运行与维护人员应检查油位计是否正常。一旦排除油位计示值错误等原因，则应将变压器油放至与油温相对应的油位，同时检查冷却系统是否正常。如果冷却系统仍然正常运行，则要检查变压器的负荷。如果变压器油温升高是负荷增加所致，则应立即降低负荷。

在查看变压器的油位时，如果变压器的油位明显低于与油温对应的正常油位，在补充变压器油时，应将重瓦斯保护改投信号，其他保护投跳闸，同时详细查明原因。油位偏低的原因可能是油位计示值错误，也可能是存在泄漏。如果变压器油泄漏比较严重，补充变压器油之后应紧急停止变压器。

7.2.4 瓦斯保护动作及其处理

瓦斯保护动作分为轻瓦斯保护动作与重瓦斯保护动作。导致轻瓦斯保护动作的原因有很多方面。

（1）滤油、加油或冷却系统不严密，以致空气进入变压器。

（2）油温下降或漏油可使油位缓慢降低。

（3）因变压器故障而产生少量气体。

（4）由穿越性短路故障引起。

如果发生轻瓦斯保护动作的同时，又发生重瓦斯保护动作，或只发生重瓦斯保护动作，那么原因有以下几方面。

（1）变压器内部发生严重故障。

（2）变压器油位下降太快。

（3）变压器检修后，从油中分离空气太快。

（4）二次回路发生故障。

变压器一旦发生重瓦斯保护动作跳闸，不可放掉瓦斯气体，以便取样化验。瓦斯保护动作的原因以及故障的性质，可通过继电器内积聚的气体量、气体颜色以及化学成分进行分析和鉴定。运行与维护人员可根据气体分析的结果，对瓦斯保护动作故障进行相应的处理。表 7.1 为瓦斯继电器内气体性质与故障性质的关系及处理方法。

表 7.1 瓦斯继电器内气体性质与故障性质的关系及处理方法

气体性质	故障性质	处理方法
无色、无味、不可燃	空气侵入	放气后继续运行
黄色、不易燃	木质故障	停止运行
淡黄色、强烈臭味、可燃	绝缘材料故障	停止运行
灰色、黑色、易燃	油故障	停止运行

轻瓦斯保护动作时，运行与检修人员应立即检查变压器，查明轻瓦斯信号动作的原因，查看是否存在空气侵入变压器、油温下降、漏油所致油位下降、二次侧回路故障、变压器异响等现象和问题。

运行与维护人员在变压器外部时，如果没有发现异常现象，则需采集和分析继电器内积存的气体。如果气体为可燃气体，则运行与维护人员必须停运变压器，并尽快查明原因。如果瓦斯保护动作的原因是变压器的油内空气释放所致，应排出瓦斯继电器内的空气，并注意观察和记录相邻两次信号之间的间隔时间。如果间隔时间逐渐缩短，则表示开关随时可能跳闸。如果重瓦斯保护动作跳闸原因是针对可燃气体的保护动作，则必须对变压器进行严格的检查和试验，合格后变压器方可投入运行。图 7.3 为瓦斯保护动作。

图 7.3　瓦斯保护动作

7.3　GIS 设备故障及其处理

7.3.1　GIS 室气压报警

如果 GIS 室发出“补充 SF_6 气体”报警信号，可先保持原来的运行状态，并立即到现场控制屏查明需要补充 SF_6 气体的其他部位，同时核对表计的读数。如果排除了误报的可能性，则应该立即向上级汇报故障情况，通知相关人员予以处理，做好相应的安全防范措施。

如果 GIS 室发出“补充 SF_6 气体”报警信号的同时，出现了“SF_6 气室紧急隔离”报警信号，很有可能发生严重漏气。此时，GIS 设备的安全受到严重威胁，运行和维护人员要在现场负责人指挥下，迅速分析和判定故障发生的原因和危害，及时做好设备停运和故障部位隔离，同时立即向上级汇报有关情况。图 7.4 为 GIS 室气压报警。

图 7.4　GIS 室气压报警

7.3.2　GIS 室气体泄漏处理

如果 GIS 室发生故障导致气体泄漏，现场人员应该迅速组织撤离，同时保证通风装置全部打开并正常运行，以尽快地排出有害气体。

一旦 GIS 室气体泄漏，只有在通风装置运行时间超过规定的通风时限后，才允许应急事故处理人员在穿着防护服、佩戴防毒面具及手套的条件下进入 GIS 室，迅速展开紧急情况下的应急事故处理。如果 GIS 室内人员被困或暴露于有毒气体中，救援人员可以在做好自身有效防护、携带好必要救援装备的前提下，第一时间进入 GIS 室迅速开展搜救工作，不受上述通风时间的限制。被救人员在室外安全区域进行必要的现场检查、清洗、处置或抢救后，应该立即送往距离事发地点最近的具备治疗条件的医院。

规定通风时间过后，应急处理人员可以在现场负责人的正确指挥下，在做好防护措施的条件下，进场开展事后修复和清理工作。其他人员则必须保证在警戒区域以外，并避免被泄漏气体侵害。图 7.5 为 GIS 室气体泄漏。

图 7.5 GIS 室气体泄漏

7.3.3 GIS 开关拒绝合闸

在监控计算机发出断路器合闸指令后，如果开关拒绝合闸，同时计算机持续报警，则可以参考如下的处理方案。

（1）检查开关合闸闭锁条件是否完全满足，检查控制回路和合闸回路是否出错，检查合闸电源电压是否正常。

（2）检查开关的操作机构是否发生损坏，开关机构的油压是否降低或者气体压力是否降低至闭锁合闸回路。

（3）检查开关的辅助接点接触是否良好，继电开关的位置是否接触不良。

（4）拉开开关的两侧刀闸，检查开关的操作回路、机构或本体。

（5）对于同期点开关，要求检查同期电源和同期装置是否正常工作。

图 7.6 为 GIS 开关拒绝合闸。

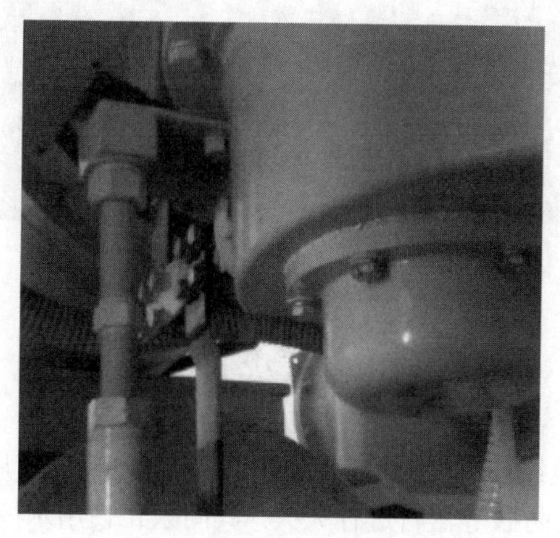

图 7.6 GIS 开关拒绝合闸

7.3.4　GIS 开关拒绝跳闸

在监控计算机发出开关分闸指令后，如果开关拒绝分闸，同时计算机报警，可以参考如下处理方案。

（1）检查 GIS 开关本体是否存在异常，检查 GIS 开关操作机构是否已经损坏，检查 GIS 开关操作机构的油压是否降低或气体压力是否降低至闭锁跳闸回路。

（2）如果经检查，开关机构及本体没有发生损坏或异常，则在控制柜上就地断开开关，检查开关分闸动作是否正常。如果开关分闸操作不正常，则向上级申请断开与其串联的开关，做好安全措施。

如果刀闸拒绝合闸或分闸，在刀闸控制柜上就地执行刀闸的合闸/分闸操作后，就地控制柜上刀闸的相应位置指示与实际不符合，而且中央监控室返回屏示值也不正确，在刀闸本体检查时发现有一相或两相没有在合闸/分闸位置，则应该立即停止其他操作，向值长或上级部门汇报相关情况，做好刀闸检查和处理相应故障的安全措施。图 7.7 为 GIS 开关拒绝跳闸。

图 7.7　GIS 开关拒绝跳闸

7.4　电缆着火及其处理

如果风电场的电缆起火，则应该立即切断电缆电源，使用四氯化碳灭火器、二氧化碳灭火器、消防砂等器材进行灭火，其间禁止使用水或泡沫灭火器。此时，运行和维护人员应尽快通知消防救援部门。

电缆燃烧会释放出大量的有毒气体，建议在电缆沟、涵洞隧道、室内等封闭或半封闭的环境条件下开展灭火、救援的工作人员穿戴好防护服、防毒面具等防护装备，佩戴胶皮手套，穿上绝缘鞋，防止中毒或触电。任何人员严禁触碰或接近未接地的金属和电缆，条件允许的情况下应该尽量增加电缆的接地点。如果电缆在电缆沟内起火而且火势较大，为了进一步控制火势蔓延，应该使用消防砂封锁两端的通道。图7.8为风电场电缆起火。

图7.8　风电场电缆起火

7.5　电压互感器故障及其处理

电压互感器在运行中，二次侧不得出现短路现象。电压互感器应该在不超过额定值10%的工作电压下长期运行。电压互感器每组二次回路均应该有一处可靠接地。如果电压互感器或二次回路发生故障而且仪表示值不准，应该根据其他仪表的示值来监视设备，避免因为仪表示值不准而误判设备的运行状态。一旦电压互感器出现故障，可参考如下方法处理。

（1）停止故障的电压互感器，只能用开关来实现。

（2）如果电压互感器起火，应该立即断开电源，并用干式灭火器、消防砂等灭火。

（3）如果电压互感器停电，应该将负荷切换到其他电压互感器，并按照直流熔丝、二次熔丝、一次刀闸或拉出一次小车的顺序停电。

（4）如果电压互感器送电，应该先闭合一次刀闸，而后合二次熔丝，检查表计，待指示正确以后再投入直流熔丝，启用相关保护。

此外，电压互感器也会出现二次电压消失故障。当电压互感器二次电压消失时，会出现电压表示值为零、电度表工作失常、有功表和无功表指示降低、出现“电压回路断线”报警信号、高压熔断器熔断时出现系统接地信号等现象。如果发现电压互感器二次电压消失故障，可以参考如下方法处理。

（1）首先判明是电压互感器故障，并用电流表监视电压互感器运行情况，进一步确认情况。

（2）其次，停用与电压互感器相关的保护装置。

（3）检查电压护感器的二次回路，确认是否存在短路、松动、断线等现象，查看二次开关是否存在跳闸现象。

（4）如果二次开关跳闸，可以再试送一次电。如果再次出现跳闸现象则应该立即查明原因。

（5）如果故障原因是高压熔断器熔断所致，则应该停电测量绝缘情况。

（6）向上级汇报故障情况，等待安排进一步的测试和维修。

（7）待设备检修完成，确认合格后才可以将设备再次投入运行。

图 7.9 为电压互感器故障。

图 7.9　电压互感器故障

7.6　电流互感器故障及其处理

电流互感器在运行中，二次侧不得出现短路。电流互感器应该在不超过额定值 10%的工作电流下长期运行。电流互感器每组二次回路均应该有一处可靠接地。如果互感器或二次回路发生故障而且仪表示值不准，应根据其他仪表的示值来监视设备，避免因为仪表示值不准而误判设备运行状态。

电流互感器的主要故障是二次回路开路故障，现象是电流互感器本体发出“嗡嗡”的噪声，甚至出现冒烟、起火等现象，开路处有火花及放电，有功和无功电表示值为零。一旦出现上述现象，可以按照以下方法处理。

（1）首先应该立即向值长汇报情况，同时停用有可能误动的保护装置。

（2）通知继电人员检查电流互感器的二次回路，对出现的问题和故障进行正确处理。

（3）如果不能得到及时的处理，应该立即向值长提出申请，要求停电处理或外部检查。

（4）如果没有发现问题，但设备本体仍然存在“嗡嗡”声，可以判明设备内部出现了短路，此时应该立即申请停电。

（5）待设备检修完成，确认合格后才可以将设备再次投入运行。

图 7.10 为交流互感器故障。

图 7.10　电流互感器故障

7.7　避雷器故障及其处理

风电场最常采用的是氧化锌避雷器。氧化锌材料具有在正常工作电压下阻值很大、通过泄漏电流很小、过电压情况下阻值急剧变小等特点。氧化锌避雷器就是利用氧化锌的上述优异特性而制成的避雷装置。氧化锌避雷器与被保护装置并联，当线路上出现雷电波过电压或内部操作过电压时，通过避雷器对地放电，避免出现电压冲击波，防止被保护设备的绝缘损坏。

如果避雷器出现放电、瓷套法兰胶合处出现裂缝、瓷套表面脏污、表面锈损、接地不牢固以及接地线接触不良等现象时，应该立即停运。如果避雷器发生损坏、冒烟、闪络接地等故障，严禁直接拉开避雷器刀闸，并且不得进入故障地点，此时可以采用开关或其他适当措施切除避雷器上的电压。图 7.11 为避雷器。

图 7.11　避雷器

7.8　高压断路器故障及其处理

高压断路器的灭弧装置可以用于切断和接通正常电路中的空载电流和负荷电流，同时还可以在系统故障时与保护装置及自动装置配合，迅速切除故障，防止事故扩大，保证系统安全。高压断路器可以根据灭弧介质的种类划分为真空断路器、四氟化硫断路器以及少油断路器。

高压断路器可能发生开关拒绝合闸、开关拒绝分闸、开关自动跳闸等不同种类故障。一旦发生上述故障，可参考以下方法。

1. 开关拒绝合闸处理方法

（1）检查操作机构是否已经储能。

（2）检查开关操作回路的切换开关是否处于正确位置。

（3）检查控制电源是否已经正常投入，操作、合闸保险是否已经熔断。

（4）就地合闸操作一次，以确认开关操作机构是否存在故障。

（5）检查合闸回路是否良好，检查合闸线圈、辅助接点是否良好。

2. 开关拒绝分闸处理

（1）检查开关操作回路的切换开关是否处于正确位置。

（2）检查控制电源是否已经正常投入，操作、分闸保险是否已经熔断。

（3）试着就地分闸操作，以确认开关操作机构是否存在故障。

（4）检查分闸的回路是否状态良好，分闸线圈、辅助接点是否良好。

（5）运行和维护人员将情况迅速汇报给值长，转移负荷，设法先断开上一级开关，再处理本开关。

（6）对于因为操作机构失灵而导致拒绝跳闸的开关，必须有效地解决故障并确认合格后才可以投入运行。

3. 开关自动跳闸处理

当开关自动跳闸，如果是保护装置正确动作，则要按照有关规定处理。如果属于保护或人员误操作引起的开关自动跳闸，则应该查明原因之后再重新合闸。高压断路器故障如图 7.12 所示。

图 7.12　高压断路器故障

7.9 隔离开关故障及其处理

隔离开关的功能是在回路上形成明显的断开点。当设备检修时，拉开隔离开关可以起到断电保护的作用。隔离开关故障主要反映操作不规范而导致的误合、误分等问题，因此隔离开关操作必须严格遵守《电力安全工作规程 发电厂和变电站电气部分》（GB 26860—2011），并且要使用合格的安全用具进行正确的操作。对于隔离开关操作过程中可能出现的问题，可以参考以下处理方法。

（1）如果隔离开关拉不开，不应该强行拉开，应该在查明原因、消除缺陷之后，再进行拉闸。

（2）如果出现因为误闭合隔离开关而发生的接地或短路，不允许拉开隔离开关。只有用开关切断电流之后，才可以再次拉开隔离开关。

（3）如果误拉开隔离开关，则应该禁止再次闭合。只有用开关切断电路之后，才可以再次闭合隔离开关。

（4）对于用蜗轮传动操作的刀闸，误拉分开很小缝隙即可发现弧光，此时应迅速向相反方向闭合。

（5）送电时，应该先闭合电源侧的隔离开关，再闭合负荷侧的隔离开关，最后再闭合开关；停电时的操作顺序相反。

此外，当隔离开关合闸之后，必须检查接触是否状态良好。不应该带负荷拉开或闭合隔离开关，禁止解除隔离开关与相应开关的联锁装置，以防出现误操作。

7.10 接地刀闸故障及其处理

在设备检修时，接地刀闸闭合可以防止突然来电而带来的人身和设备危险。对于户外式接地刀闸，必须验明三相，确定没有电压才可以闭合。对于手车开关自带的封闭式接地刀闸，操作时不可以走错间隔。

在操作接地刀闸时，如果闭锁装置闭锁，应该查明原因。原因主要有操作顺序错误、走错间隔等。如果判明是闭锁装置本身故障所致，则在上级批准后，才可以解除闭锁装置。送电操作前，要查看相关接地刀闸的状态，防止带地线合闸。图 7.13 为接地刀闸故障。

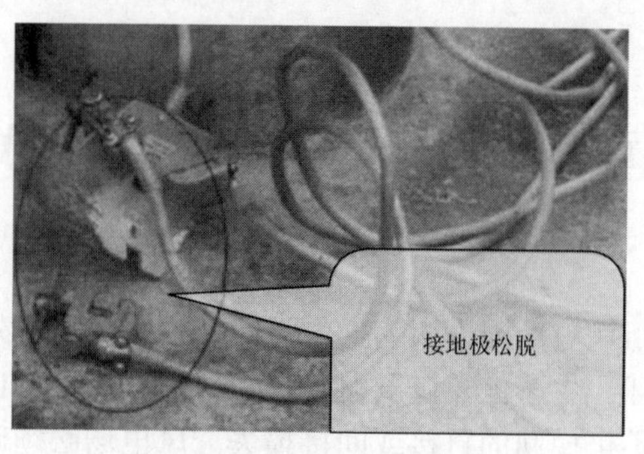

图 7.13　接地刀闸故障

第 8 章　风电场事故预防与应急处理

风电场事故是指风电场因为人为操作不当、设备故障或外部环境因素引起的人员伤亡、设备损坏、生产停滞以及财产损失（陈立伟，2018b）。风电场事故往往会给风电场造成不可挽回的直接或间接损失。风电场必须研究和做好事故的预防措施和应急响应预案，避免各类事故的发生和发展，并且在事故发生后能够最大限度地降低事故所带来的经济损失和负面影响。本章将风电场事故划分为三大类，分别是人员伤亡事故、设备异常事故以及环境异常事故。

8.1　人员伤亡事故与应对措施

风电场有良好的安全操作规程、健全的企业管理体系和高素质的职工队伍，通常很少发生人员伤亡事故。但我们也应该看到，风电场的环境和条件具有一定的特殊性，工作场所存在高速、高电压、高处等危险因素，而且风电场的场址大多在远离人群的荒郊地区，一旦出现人员伤亡事故，救援难度更大、时间更长。为此，风电场需要根据可能发生的人员伤亡事故，制定周密的应急响应机制和措施。本节阐述高空坠落、人身触电、高温中暑、交通事故等常见的人员伤亡事故及其应对措施，给风电从业人员提供参考。

8.1.1　高空坠落事故应急处理

高空坠落事故是指风电场在开展设备的运行、定检、维修、装配、拆卸、倒闸等工作任务时，由运行和维护人员的主观操作不当或遭遇极特殊条件而造成的从高处意外掉落，继而引发的人身伤害或死亡事故。诱发人员高空坠落事故的原因很多，归纳起来主要有以下几种。

（1）运行和维护人员登临风电机组或其他设施时，缺乏必要的防护措施或对防护装备的状况检查不到位，防护条件缺失或缺陷会造成意外高空坠落。

（2）运行和维护人员所登临的设施缺乏必要的监管、检修或存在设计制造缺陷。运行和维护人员在无法预知设施状态的情况下登临设施，会造成意外高空坠落。

（3）运行和维护人员在登临设施之前，缺乏必要的心理问题和身体条件的测试。运行和维护人员因为个人体能不足、恐高、心慌以及其他心理问题，可能会不慎从高空坠落。

为此，运行和维护人员在登临风电机组等高空设备之前，需要针对上述三种情况，做好相关的预防工作。

首先，高空作业任务需要由身体条件良好、有登高资质的人员来承担。执行任务之前，风电场责任部门应该对任务执行人员进行必要的问询，以准确把握其心理状态和身体条件，任意一种条件不满足都不允许登高作业。

其次，运行和维护人员在登高作业之前，应该仔细查看所要巡视、检查、修复的设备的档案资料，及时了解设施的安全状态，掌握该设备使用或维修的注意事项、要求和方法。

再次，运行和维护人员在登临设备之前，必须反复复习和演练登高作业的技能和规范，佩戴好安全带等安全防护装备，携带必要的无线通话设备。

最后，当运行和维护人员开始登高作业时，要有专门的人员对登高人员及设备进行必要的监控和保障。

通常，风电场容易发生坠落事故的作业任务包括：风电机组塔基以上部位的巡视、定检、维修、安装和更换等；箱式变压器顶部的作业；集电线路架空塔杆上的相关工作；变电站内主变、开关、隔离刀闸等架构上的工作。如果风电场发生人员高空坠落事故，应该立即启动应急处理预案，可以参考以下方法处置。

1. 应急预案启动

一旦高空坠落事件发生，为了避免救援、善后和生产组织的无序化，风电场应急指挥部接到事故现场作业人员的情况汇报后，应该第一时间根据《风电场应急处理预案》要求预判事故的严重程度，并判定是否应该启动预案。一旦预案启动，应急事故处置的总指挥、副总指挥以及技术人员、救援人员、后勤保障人员等全体成员应该立即进入应急响应状态，迅速组织事故现场应急处理。

2. 事件处理流程

风电场应急指挥部接到现场人员的事件报告后，全体成员应该立即赶赴现场组织实施抢救，并将事故情况上报给上级机构。应急指挥部全体成员到达事故现场之后：①立即进行事故现场标记，保护好事故第一现场，以利于后期事故调查和责任划分；②调动力量全力抢救现场无生命体征或体征较弱者，尽快开展心肺复苏和止血；③对于伤者，则要进行创口处理、止血包扎和肢体固定，避免造成二次伤害；④同步联系医疗部门，组织车辆将伤者送往就近的具备抢救和治疗条件的医院；⑤根据现场实际情况，同步展开幸存者或伤者进一步搜救；⑥排查可能造成进一步伤害的现场隐患。在救援过程中，所有操作应该按风电场应急预案、电力系统安全操作规程以及消防工作相关规程来执行。

3. 伤害处置方案

（1）轻微伤害处置。如果经过现场鉴定，伤者所受伤害为轻微伤，则应该立即对伤者的创口进行消毒和止血处理，并组织车辆将伤者送往就近医院，或通知医院到现场进行处置。

（2）轻度伤害处置。如果经过现场鉴定，伤者所受伤害为轻伤，则视伤者的创伤面积大小及伤情进行相应的处理。如果发现伤者有骨折、肢体损伤及脏器异常表现者，应进行必要的绑缚、止血等现场处置，并迅速将伤者送往就近的具备救治条件的医院。

（3）重度伤害处置。如果经过现场鉴定，伤者出现了昏迷、休克、出血不止、呼吸困难等严重不适迹象，可初步判定为重度伤害，应该根据重伤害现场处置方法立即实施现场抢救，并通知医院派员赶赴事发现场开展救治。同时立即向上级汇报情况，做好事故现场保护、拍照和原因调查。

高空坠落事故处置结束之后，应急指挥部门可根据现场的实际情况陆续组织恢复生产，并做好事故的善后处理和调查工作。图 8.1 为高处坠落事故处理的应急演练实景。

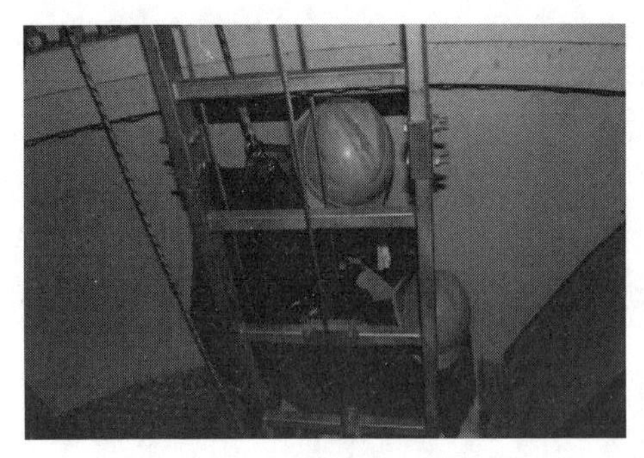
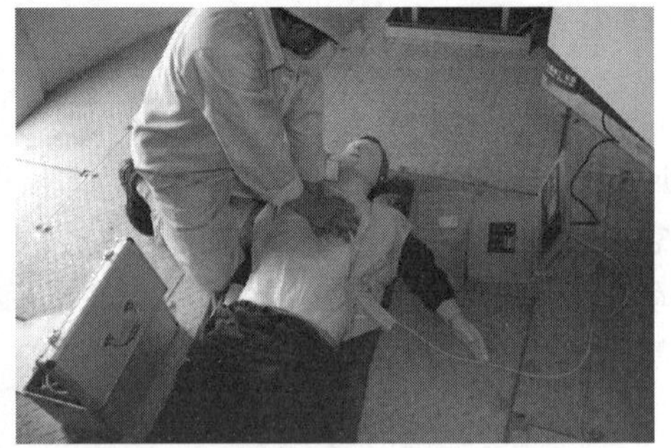

图 8.1　高处坠落事故处理的应急演练实景

8.1.2　人身触电事故应急处理

人身触电事故是指运行和维护人员在进行设备操作时，在设备带电、接地不良等情况下与设备带电部位接触，由此造成的人身伤害事故。人身触电事故通常有主观和客观两方面的原因，具体触电原因可以归纳如下。

（1）人员未严格执行工作票。运行和维护人员没有办理工作票就开展检修作业；未经验电而且工作地段两端未挂接地线就在高压设备上工作；在无人监护的情况下，单人在高压设备上工作；约时停送电，没有模拟停送电作业。此外，未经培训的实习人员或外来参观、访问人员也极容易发生人身触电事故。

（2）未严格执行操作票。运行和维护人员没有使用操作票进行倒闸操作；无人监护进行倒闸操作和保护投退；未经核对就进行倒闸操作和保护投退；未按照操作票顺序进行倒闸操作；未按规定使用相应的安全器具进行操作；未经核对设备名称和运行状态即开展作业，进入了错误的设备或场所。

风电场中容易引发触电伤害的工作任务包括线路或设备停送电、系统倒闸、恶劣天气下的变电站巡视、高压试验、使用电动器具、电气设备检修等。容易发生触电的地点通常位于 110kV 和 35kV 变电站、35kV 线路、400V 配电柜、电缆夹层、电气设备等。

为了预防人身触电事故的发生，风电场应该加强安全规程的贯彻、学习和平时的模拟演练，认真贯彻执行工作票和操作票制度，加强正确的用电、验电、作业技能训练，培养良好的工作习惯。所有设备操作必须严格遵循工作票和操作票的内容与步骤，从而最大限度地杜绝触电事故。同时，风电场应该做好触电事故的应急演练，一旦发生触电事故能够以最快的响应速度开展人员抢救、设备抢修和生产恢复。应急处理流程和方法可参考下列内容。

1. 应急预案启动

触电伤害事故发生后，在现场作业的运行与维护人员应该立即向风电场应急指挥部门如实汇报现场的实际情况。风电场应急指挥部门根据现场的实际情况快速判断是否需要启动应急预案。应急预案启动后，总指挥、副总指挥以及技术人员、救援人员和后勤保障人员必须立即进入应急响应状态，快速组织和开展现场救援及善后工作。

2. 应急事件处理

在接到触电事故汇报后，风电场应急指挥部门立即赶赴事发现场组织抢救。到达现场后，根据现场的实际情况并结合应急预案，积极开展伤者救援，最大限度地降低伤者的伤情、损害和疼痛，为伤者的合理救治争取时间、创造有利条件。同时，事故应急处理人员要第一时间联系医院，根据伤者的危急程度选择将伤者就近送往医院，或致电医院前来救治，并在送医院之前尽最大努力做好必要的现场抢救。为了事故处理、善后和责任认定，风电场应急指挥部门应该保护好事故现场，做好拍照和事故前期的调查。

待事故处置结束后，风电场应急预案指挥部可根据现场实际情况陆续组织恢复生产，并做好事故的善后处理和调查工作。

3. 伤害处置方案

（1）低压触电伤害处置。如果触电者触碰了低压带电设备，救援人员有多种施救方法。例如，通过拉开电源开关、刀闸或拔出电源插头等方法迅速切断电源；使用干木棒、干木板、绝缘绳等不导电材料将触电者从低压带电设备上拨开；抓住触电者身上干燥不贴身的衣物将其拖开；用绝缘手套或干燥不导电织物使触电者脱离低压带电设备；站在绝缘垫或干木板上进行救护。救援人员在施救过程中，要避免触碰到金属物体或裸露的触电者身体。

（2）高压触电伤害处置。如果触电者触碰了高压带电设备，救护人员应该立即通知供电单位或用户停电，佩戴好绝缘手套，穿好绝缘靴，使用适当电压等级的绝缘工具按照正确的顺序拉开开关和保险；抛掷裸露的金属线使线路短路接地，迫使保护装置动作，从而断开电源；最后再使用绝缘棒解救触电者。救护人员在抢救过程中，应该注意保持自身与周围带电设施、带电物体的安全距离。

一旦触电者被救下后，救援人员应该迅速查看触电者伤情。如果触电者的心脏出现了骤停或体征微弱，应马上就地实施心肺复苏，并联系医院前来救援。救援过程中，施救人员要注意自身的防护，也要尽量将各种情况考虑周全，避免发生二次伤害。

待触电事故处置结束之后，应急处理人员可根据现场的实际情况陆续组织恢复生产，并做好事故的善后处理和调查工作。

4. 伤者救护方法

在确认触电者已经和电源完全脱离，而且救护人员与危险电源之间保持安全距离后，救护人员才被允许接触伤者并实施抢救，具体的救援方法如下所示。

（1）首先观察伤者的生命体征，如果伤者已经停止呼吸，先用人工呼吸法向伤者吹气，之后测试颈动脉的脉搏。如果伤者已经恢复了脉搏跳动，则每 5s 向伤者持续吹气一次；如果伤者颈动脉仍然没有脉搏跳动，则用空心拳以适当的力度反复捶击伤者的心前区域，促使伤者心脏恢复跳动。如果触电事故发生在高处，完成上述紧急抢救措施之后，要用绳索将伤者递送到地面或宽阔的平台处，并继续利用心肺复苏法持续实施抢救。

（2）如果伤者神志已经恢复清醒，应该令其就地躺平，并密切观察其身体表征，但是暂时不宜站立或走动；如果伤者神志仍然没有清醒，则应该令其就地仰面躺平，确保气道保持通畅，每 5s 呼叫或轻拍伤者除了头部以外的身体部位，以判定伤者的意识是否已经完全丧失。

（3）如果伤者的意识已经完全丧失，则应该迅速判断伤者的呼吸和心跳情况，目视伤者的胸腹有无起伏，贴近伤者面部听有无呼吸声，感受伤者的口鼻有无呼吸气流，指压测试颈动脉是否还有脉搏。如果伤者已经没有了上述生命体征，则可以判定其呼吸和心跳已经停止，应快速开展心肺复苏。

（4）心肺复苏法的操作步骤如下。

首先，保持伤者呼吸道畅通。如果伤者口内有异物，应该转动伤者的身体和头部，使其身体和头部侧向，用手指从其口角取出异物，同时避免将异物推向伤者体内。随后救援人员采用仰头抬额法使伤者的头部向后仰、舌根抬起，让伤者呼吸通道畅通。在此过程当中，不要用枕头等物品垫在伤者的头下，以避免伤者的呼吸通道被堵塞和脑部供血不足。

然后，采用人工呼吸法使伤者恢复呼吸功能。救援人员用手指捏住伤者的鼻翼，深吸气之后与伤者口口对接，连续两次向伤者呼吸道内大幅度送气。

随后，救援人员用指压法测试伤者的颈动脉是否已经恢复跳动，如果仍然没有心跳则应该进行胸部按压，以迫使伤者恢复心跳。

救援人员的右手食指和中指沿伤者的右侧肋弓下缘向上，找到肋骨和胸骨接合处的中点；两手指并齐，中指放在切迹中点即剑突底部，食指平放在胸骨下部；另一只手的掌根紧挨食指上缘，置于胸骨上，找到正确的胸部按压位置，之后按照下面的方式进行胸部按压。

救援人员将触电的伤者仰面平躺放置，自身则以立姿或跪姿在伤者一侧肩旁，两肩位于伤者胸骨的正上方，两臂伸直，肘关节固定不屈，两手掌根相叠，手指翘起，不接触伤者的胸壁；以髋关节为支点，利用上身的重力，垂直将伤者的胸骨压陷 3～5cm，随即放松，并保持手掌根部不离开伤者胸壁。按压过程必须有效，标准是可以感受到伤者颈动脉的脉搏。胸外按压以匀速为宜，速度大约为每分钟 80 次，按压与放松的时间相等。

胸外按压与人工呼吸必须同时进行，保持一定的节拍。通常，单人施救时，每按压 15 次，人工呼吸 2 次；双人抢救时，每按压 5 次，人工呼吸 1 次。每隔几分钟用上述方法确认一下伤者的呼吸、心跳等生命体征。如果伤者心肺功能仍未恢复，则应继续坚持抢救。切记，在医疗救护人员和车辆赶到现场之前，不要放弃抢救。

图 8.2 为心肺复苏法的操作过程和手法。

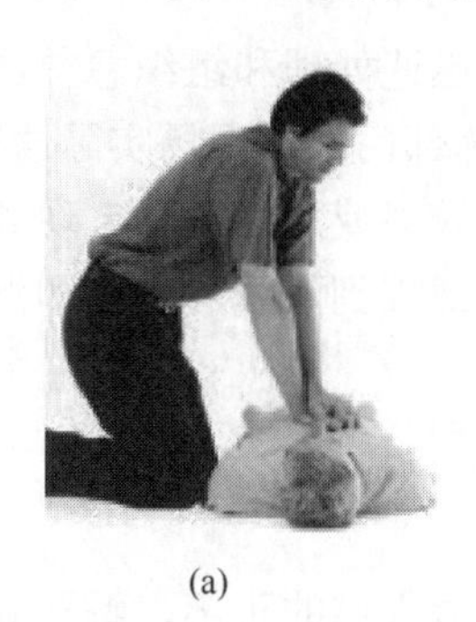

(a)

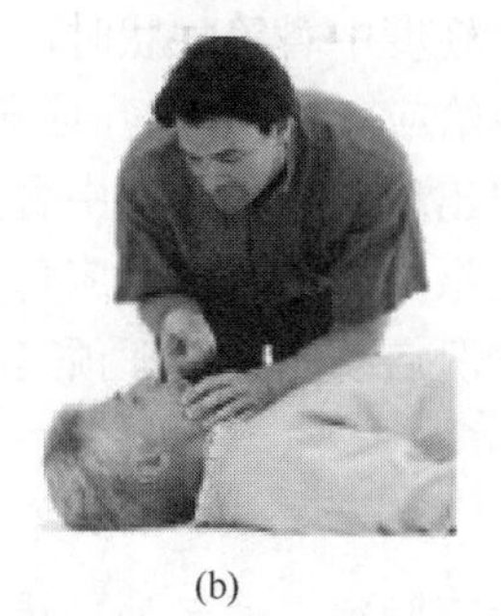

(b)

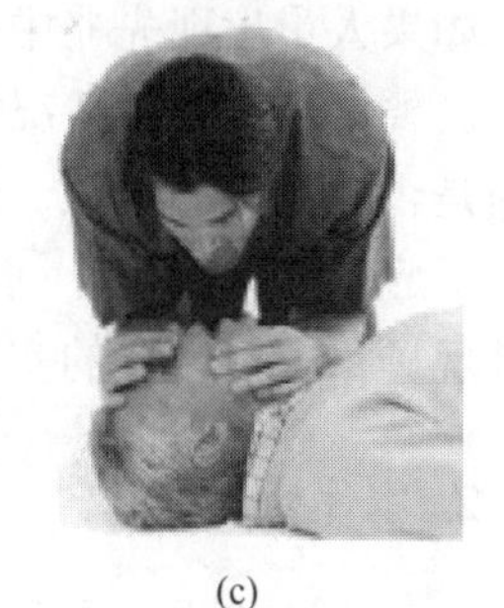

(c)

图 8.2　心肺复苏法

8.1.3 高温中暑应急处理

中暑是指在暑热季节、高温和高湿环境下，由于体温调节中枢功能障碍、汗腺功能衰竭和水电解质丢失过多而引起的以中枢神经、心血管等功能障碍为主要表现的急性疾病。中暑可分为先兆中暑、轻度中暑、重度中暑。

（1）先兆中暑。人员在高温环境下工作一定时间后，出现头昏、头疼、口渴、多汗、全身疲乏，心悸、注意力不集中、动作不协调等症状，体温正常或略有上升。

（2）轻度中暑。除有先兆中暑的症状外，还会出现面色潮红、大量出汗、脉搏快速等症状，体温超过 38.5℃。

（3）重度中暑。因高温引起体温调节中枢功能障碍，热平衡失调使体内热蓄积，出现高热、意识障碍、无汗等症状。重度中暑包括热痉挛、热衰竭和热射病等三类，其中热射病最为严重。热痉挛是指由于失水、失盐引起肌肉痉挛；热衰竭是指因周围循环容量不足而引起虚脱和短暂晕厥；热射病是指因高温引起的人体体温调节功能失调，体内热量过度积蓄，引发神经器官受损。

由于风电场位于旷野、海岛和海上，周边环境缺少遮挡，气温高、阳光辐射强度大，容易诱发运行和维护人员中暑。风电场容易发生中暑的工作包括线路巡检、箱变巡检、风电机组内作业以及其他露天作业。

为了避免运行与维护人员中暑，风电场要做好防暑知识的宣传和相关预防，做到室内环境通风，准备和发放人丹、藿香正气水等防暑用品，严禁心脏病、高血压、中枢神经器质性疾病、呼吸系统疾病、消化系统疾病、内分泌系统疾病以及肝肾疾病的患者从事高温作业。一旦发生人员中暑事故，可参照以下方案处理。

1. 应急预案启动

如果人员出现先兆中暑、轻度中暑等症状时，应该迅速处理和组织急救。监护人员要第一时间将情况汇报给应急指挥部门，应急指挥部门根据现场实际情况，判断是否启动应急预案。如果出现重度中暑、中暑人数较多或病情较重，现场监护人员应该立即处理，同时汇报应急指挥部，应急指挥部接到汇报后要立即派员赶赴现场，根据现场的实际情况启动应急处理预案。

2. 事件处理过程

（1）迅速将中暑人员转移至阴凉、通风处，垫高中暑人员的头部，解开其衣裤，保障中暑人员的呼吸和散热；用湿毛巾敷中暑人员的头部、腋窝和大腿根部。如果中暑人员可以自主饮水，可为其提供淡盐水；如果中暑人员呼吸困难，则要进行人工呼吸。

（2）将中暑人员立即抬离高温、高湿、不通风的工作地点，将其转移到阴凉、通风的地点，并就地实施救援，同时将现场实际情况汇报给风电场应急指挥部门。

如果人员中暑症状较为严重，则应该立即将中暑人员送至就近的医院或联系医院前来急救。在医务人员到来之前，现场监护人员不要放弃抢救。待中暑事故处置结束后，风电场应急指挥部门可以根据现场的实际情况陆续组织恢复生产，并做好事故的善后处理和调查工作。图 8.3 为中暑救援步骤。

图 8.3　中暑救援步骤

8.1.4　交通事故应急处理

风电场覆盖面积广，地形复杂，交通不便，人员和车辆极容易发生交通事故。

针对发生交通伤亡事故，风电场必须制定周密的应急处理预案。预案要覆盖风电场的宿舍、变电站、线路、箱变以及风电机组的巡视线路。如果交通事故发生在风电场以外，则要由交通警察管辖和处理，风电场应急指挥部门要全力协助交通警察处理好事故现场及善后工作。为了避免交通事故的发生，风电场必须要求司机和员工认真学习和严格遵守交通法规，杜绝违章开车。一旦发生交通事故后，可参照以下方案进行处理。

1. *启动应急预案*

交通伤亡事件发生之后，事故现场的有关人员需要立即将现场的实际情况报告给风电场应急指挥部门。应急指挥部门应迅速派员赶赴现场，并根据现场情况判断是否需要启动应急处理预案。

2. *应急处理方法*

接到交通事故现场有关人员的交通事故报告后，应急指挥部门派员赶赴现场，组织救援和处理，做好事故现场的保卫，保护好现场并负责调查事故。应急指挥部门要最大限度地采取有效措救护伤者的生命、减轻伤者伤情和伤痛，并根据伤者的具体情况，用科学方法救治，之后将伤者送往就近医院或通知医院前来进行救治。

现场处置方法主要包括止血、消毒、包扎、固定和搬运，防止伤者的伤情进一步恶化。如果伤者的呼吸、心跳停止，要立即进行现场抢救，现场救护办法可参考电力系统和企业相关的安全规程。

（1）轻微伤和轻伤的应急处置。如果伤者有明显的创口，要做好必要的止血和创口处理，并且要迅速将伤者转移到医院治疗；如果伤者出现骨折、器官损伤及四肢伤害等情况，应该根据现场实际情况将伤者送往就近医院或通知医院迅速前来救治。

（2）重伤的应急处置。应急指挥部门和现场相关人员要立即通知医院迅速赶赴事发地点进行紧急救治，同时向上级部门汇报交通事故以及伤者的目前情况，做好现场保护和拍照，禁止人员进入，为后续调查保护现场。

待交通事故处置结束后，风电场应急指挥部门可根据现场的实际情况陆续组织恢复生产，并做好事故的善后处理和调查工作。

8.2　环境异常情况与应对措施

8.2.1　特大暴雨及应对措施

特大暴雨是指局部或大部分地区突降暴雨，降雨量达到本地区历史较高水平，严重危及风电场及设备的安全稳定运行，存在设备损坏、人员伤亡及生产停滞的重大安全隐患（中华人民共和国国务院，2006）。一旦风电场发生特大暴雨，要在应急指挥部门的统一指挥下，各部门协同处理。

1. 特大暴雨事故的预防

风电场要预估各个季节发生特大暴雨的概率和频率，充分分析特大暴雨期间可能发生的次生灾害和事故。在风电场的关键场所、关键设备处要做好防洪准备工作，准备充足的铁锹、沙袋、绳索、篷布、抽水机以及雨衣、雨靴等装备；对变电站、电缆沟、箱式变压器、风电机组、输电线路等重点场所，要加强防水和排水设施的清理、管理和检查，保证特大暴雨发生时发挥效力。风电场需要定期开展针对特大暴雨的防洪应急演练，使运行和维护人员在特大暴雨警报出现时能够快速响应，坚守各自岗位做好有效的险情预防，能够有效地开展事故救援。

2. 特大暴雨事故的处理

特大暴雨发生之后，应急指挥部门应该根据预案并结合现场的实际情况，派员投入现场抢险、救灾和事故的应急处理。风电场在特大暴雨应急响应中，要求运行与维护人员坚守岗位、严阵以待、有序协同，确保通信设施、安全设施、防洪设施始终处于良好状态。风电场要严密监视特大暴雨的雨量、水位、趋势及防洪设施状态，如果发生排水沟、电缆沟等防洪设施失效或劣化现象，要组织人员在有效的安全防护下开展清理、修复和加固工作；对继保室、电缆沟、水泵房及其他地势较低的设施，要加强防护和排水；对室外电力设施及避雷器计数器、有感保护装置、故障录波装置等设施，要加强巡视和检查，防止出现设备积水、设备误动以及避雷器失效、人员触电等问题。除了应急指挥部门派出的处置人员，其他人员不要在室外工作和停留。

特大暴雨应急响应处理结束之后，风电场人员在统一有序的安排和指挥下恢复正常生产，并防止出现设备损坏、财物丢失、人员伤害等问题。图 8.4 为风电场遭遇特大暴雨实景。

图 8.4　风电场遭遇特大暴雨实景

8.2.2　冰冻灾害及应对措施

冰冻现象大多发生在冬季，也会出现在早春和深秋时节，是在降雪或雨夹雪天气过后，又遭遇极低气温而造成的物体表面结冰现象。冰冻天气对风电机组、线路、变电站设施以及人员安全都会产生不同程度的影响，特殊情况下会造成重大财产损失和人员伤亡事故。

我国北方的冬季气候寒冷，大多数风电场都有较为完善的冰冻灾害预防、应对措施及处理经验。通常，冰冻天气对北方风电场的危害不大。我国南方气候温润，极少出现冰冻灾害，对冰冻灾害缺乏心理准备，也缺乏必要的处理经验，平时应急演练少，因此冰冻天气对地处南方的风电场影响较大，也容易造成重大损失。根据气象部门统计，随着全球气候变暖和厄尔尼诺现象加剧，冰冻灾害频率不断增加，21 世纪以来多次发生较为严重的冰冻灾害，给我国南方的电力设施造成了极为严重的影响和破坏。因此，风电场需要加强预防冰冻的准备和事故应急演练。

冰冻灾害对风电场的安全生产构成了直接威胁，严重时将会使供电线路结冰，导致架空线路和塔杆倒塌，风电机组、厂房及户外设施也可能被损毁，甚至会引发人身伤害事故。冰冻灾害对风电场交通安全影响较大，导致路面湿滑，增加交通拥堵、碰撞等事故的发生概率。另外，极寒天气条件下，室内外供水和供暖管线也会冻结，造成生产、生活用水中断。

1. 冰冻事故的预防

为了防范冰冻灾害事故，风电场要通过气象部门监测雨雪、气温等信息，综合评估出现冰冻灾害的风险及概率，并根据气象部门的实时预警信息，做好冰冻灾害的预防和应急准备。根据国家气象标准，冰冻灾害分为一般雨雪冰冻灾害、较大雨雪冰冻灾害、大雨雪冰冻灾害和特大雨雪冰冻灾害等 4 个冰冻灾害等级。风电场可在每年的秋冬交替季节，组织防冰冻灾害的应急演练，一旦气象上出现冰冻灾害或收到紧急警报，能够做到保持通信和交通畅通，应急指挥部门正常运转，人身财产得到有效保护，防冰冻物资得到充分保证，冰冻灾害事故得到顺利处理。

2. 冰冻灾害应急处理

应对冰冻灾害事故，要以防为主、防治结合为原则，确保风电场运行和维护人员的人身安全，最大限度地保护和抢救软硬件设施及财产。风电场在应急指挥部门的统一指挥下，通过风电场全体员工的分工合作，做好人员协调、物资管理、任务协作和后勤保障，及时准确地消除冰冻灾害所带来的影响和损失。

风电场接到冰冻灾害信息后，首先要及时、快速、准确地向上级汇报冰冻灾害发生的时间、地点、规模、范围、程度、伤亡、损失等险情，以及已经实施或当前正在实施的救援措施。应急指挥部门接到冰冻灾害事件报告后，经核实无误后立即调集力量开展应急处置，全力控制事故险情的发生和扩大。

本书建议风电场在制定冰冻灾害事故应急响应预案时，最好根据国家统一标准将冰冻灾害分为若干等级，并针对不同等级制定不同的应急响应机制和应对方案。一旦冰冻灾害发生，风电场事故应急指挥部门可以根据收到的险情报告，综合评定冰冻灾害的危险等级，从而执行符合实际的冰冻灾害应急响应预案。通常，冰冻应急响应预案可以简单分为 4 个等级：四级预案为低温冰冻天气条件下，24 小时内降雪量预计可达 5mm 以上，线路及部分电力设施出现结冰及损坏；三级预案为连续 5 天以上低温冰冻，24 小时内预计降雪量可达 10mm 以上，线路结冰、跳闸，部分设备出现损坏；二级预案为连续 10 天以上低温冰冻，24 小时内降雪量预计可达 10mm 以上，线路结冰严重、跳闸，设备因冰冻发生损坏；一级预案为连续 15 天以上低温冰冻，24 小时内降雪量预计可达 15mm 以上，线路结冰特别严重、跳闸，重要设备因冰冻而严重损坏。

一旦发生冰冻灾害，风电场可参照以下方案来处理。

（1）如果风电场出现线路覆冰现象，建议从设计、防冰、融冰等方面入手。线路设计要根据风电场所在地的气象和环境情况，尽量避开覆冰区域或合理设计线路的抗冰厚度，确保杆塔及导线、地线强度可满足特殊环境和气象要求。线路铺设之后，风电场要加强线路覆冰的监测，对容易产生导线误动区段，要采取在导线上加装防误动相间间隔棒或带可旋转线夹的导线间隔棒的措施，防止线路误动引起相间短路，避免造成线路事故。对重冰区线路，建议在变电站加装 SVC 直流融冰技术，对导线或地线进行融冰。气温低于 0℃时，如果偶遇下雪和浓雾天气，运行与维护人员需要检查避雷线、通信线、引流线的冰冻下坠现象，检查铁塔的防震锤、U 型卡环、绝缘支架的完好程度。

（2）如果变电站出现冰冻现象，则要做以下检查和应急处理。如果遇到大雪和冰冻天气，风电场应该做好变电站巡视：检查主变压器有无放电声音；检查接线处有无过热现象；检查主变压器的温度、母线电压和其他参数；检查后台监控系统显示是否正常；检查组合电器接线处有无放电过热现象，加热器能否正常工作；检查六氟化硫气体压力是否正常；检查二次侧的继电保护、直流系统、远动屏柜、电度表、故障滤波系统运行是否正常；检查变电站的引流线是否结冰下坠，是否存在安全距离不够和相间短路的隐患。应急处理时，运行与维护人员必须穿绝缘鞋和戴绝缘手套，用绝缘杆轻轻敲击引流线覆冰。如果发现线路断路器跳闸，运行和维护人员不要合上断路器，应该及时将情况汇报给上级，并将该线路刀闸拉开转为检修状态，通知检修该线路，故障处理好以后严格按照送电安全技术实施送电。

冰冻灾害事故处理结束之后，风电场人员在统一安排和指挥下恢复正常生产，并防止出现设备损坏、财物丢失、人员伤害等问题。图 8.5 为风电场冰冻灾害。

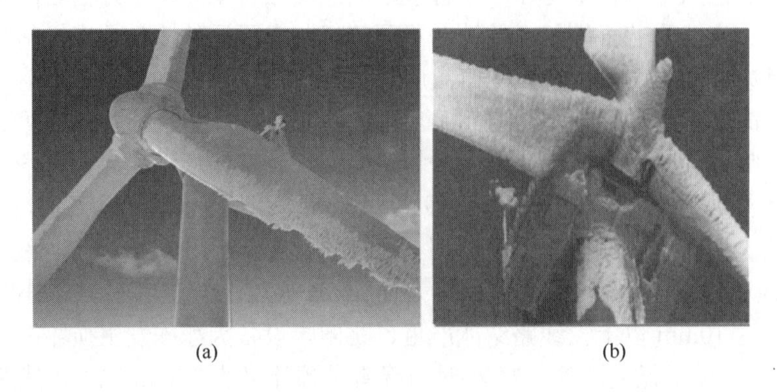

(a)　(b)

图 8.5　风电场冰冻灾害

8.2.3　大风灾害及应对措施

风电场在大风天气到来之前，要做好各类设备的防风措施。事故应急指挥部门要定期巡视包括风电机组、线路、变电站等在内的设备、物资、车辆和建筑，定期检查用电设施、工具、施工装备的线路和接地，经常测定接电电阻并予以记录，以排查安全隐患；定期组织人员遮盖和加固抵御风灾能力弱的设施，将散放的物资转移到安全地带或符合地面停放标准的处所；用防水篷布严格遮盖和绑缚有防潮、防雨要求的设施；清理风电场内各种设施、施工遗留装备和物资，避免大风造成物品散落、损坏及带来次生事故。

应急指挥部门要制定大风天气室外作业相关规范，各类室外作业规定了对应的风速等级限制，当平均风速超出额定风速等级后，对应种类的室外作业必须停止，施工装备必须停止运行并有效锁定，以保证人员、财产和设备的安全（中华人民共和国国务院，2010）。如果风电场作业现场突发大风、暴风等灾害，应急指挥部门要随时观察天气状况，并结合气象部门的最新预报信息，及时通知运行与维护人员以及风电场内的施工单位，要求立即停止作业和施工，锁定设备并做好防风措施。

运行和维护人员在大风发生之后，要检查和维修被大风损坏的门窗、屋面等，作好记录，及时检查大风所造成的损失，情况严重时要用摄像、照片等形式予以记录。在人身安全不受危害的情况下要坚守本职岗位，听从应急指挥部门的统一安排，逐步恢复生产、生活及工作。

根据实际情况逐步恢复正常的生产和生活状况，在恢复过程工作中要防止损坏设备，注意过程安全管理。

8.2.4　雷击事件及应对措施

雷雨云积累形成了极性，当雷雨云强烈放电时就形成了雷电。雷电蕴含的能量巨大，瞬时电压为 100000～1000000kV，电流约为几万安培。雷电发生时会释放巨大热能，瞬间温度可超过 10000℃。风电场中的风电机组、建筑物、电气设备以及人员遭遇雷击后，可能导致严重事故。

如果风电场范围内发生剧烈的雷击事件，在雷击事件过去半小时后，确认不会再次出现雷击，方可针对本次雷击事件及其破坏程度，启动对应等级的事故应急预案。如果雷击事件中出现人员伤亡事故，要按照人身伤害事故应急处理流程协同、有序地开展救援，以挽救人员生命为首要任务，及时联系医院，组织积极有效的现场抢救。在医院救护人员尚未到达或伤者尚未送到医院之前，现场相关人员不要放弃对伤者的抢救。

如果雷击事件造成风电机组的机械及电控系统损坏，必须立即将风电机组停机，并疏散现场人员，远离事故风电机组，直到事故原因和受损程度得到准确判断，事故风电机组得到有效修复，并确认其具备恢复运行的条件后，方可再次启用。风电场雷击如图 8.6 所示。

图 8.6　风电场雷击

8.3　设备异常事故及其应急响应

风电场内的设备很多，尤其变电站内的设备更加复杂多样，出现事故的种类多、概率大。风电场需要根据变电站内不同设备的异常情况，制定完备的设备事故应急响应预案。一旦变电站设备出现事故，风电场要找到对应的解决方案。本书声明，风电场无论发生何种紧急事故，运行和维护人员要恪守各自风电场的安全操作规程，并根据各自风电场既定的应急响应预案，在应急指挥部门的统一领导下，分工协作、有序开展事故应急处理，避免发生二次事故。

8.3.1　典型设备异常事故

风电场的设备异常事故种类较多，此处仅简要列举几种较为典型的设备异常事故。

1. 断路器拒分/拒合事故

断路器拒分/拒合是指故障导致断路器无法正常合闸或分闸。断路器的拒分/

拒合事故对风电场变电站的危害很大。断路器拒动，即拒分或拒合，将造成越级跳闸或设备无法投入，进而可能引发更大范围的事故。如果断路器操作出现拒分或拒合的现象，而操作电源空气开关和六氟化硫气压正常，可能的原因包括操作机构异常、分合闸线圈异常、监控装置异常、通信异常、直流系统电压异常等。

2. 断路器六氟化硫泄漏事故

六氟化硫断路器是利用六氟化硫气体作为灭弧介质和绝缘介质的一种断路器。如果断路器的气体压力表显示压力降低，出现报警或发出操作闭锁信号，则可能是断路器的六氟化硫保护气体泄漏。由于六氟化硫只有在较高浓度和纯度条件下才能对断路器发挥良好的灭弧和绝缘功能，因此六氟化硫气体泄漏事故将造成断路器安全性能降低。

3. 保护误动或拒动事故

保护拒动是指保护需要跳闸时，发出跳闸或合闸信号后，断路器没有动作，无法跳闸或合闸。保护误动是指没有让断路器跳闸或合闸时断路器自行跳闸和合闸。造成保护误动或拒动事故的原因包括：①寄生回路造成保护误动；②电压互感器二次回路两点接地造成保护误动；③变压器充电引起的母差误动；④断路器无故障自动分闸。此外，运行与维护人员万用表使用不当、清理盘面时误碰二次设备等原因，也会造成保护误动。

4. 主变压器冷却器事故

主变压器的冷却器用于主变压器运行过程中的散热。主变压器的冷却器一般为强制油循环风冷系统。主变压器的冷却器发生事故，可能导致主变压器低容量运行，严重者可能造成主变压器停运，甚至烧毁主变压器。主变压器冷却器事故分为电气故障和机械故障，例如，风扇故障、轴承磨损、电气主回路故障、控制回路故障等（丁立新，2014）。

5. 主变压器套管事故

主变压器套管是将变压器内部高、低压引线引到油箱外部的绝缘套管，不但作为引线对地绝缘，而且担负着固定引线的作用。当主变压器套管事故发生时，主变压器瓷套管会出现闪络和爆炸情况，主变压器套管的油位观察窗玻璃罩会发生破裂，套管渗漏油，电压互感器和电流互感器会渗漏油等。

6. 站用电失电事故

变电站站用电系统是保障变电站安全可靠运行的重要条件。站用电失电事故会影响变电站一次和二次设备的正常运行。站用电失电事故的原因包括：0.4kV

系统发生短路故障，站用电低压开关跳闸，备用电源自动投入装置故障未正确动作；站用电或低压进柜电缆发生故障，高压保险熔断；恶劣天气中，因雷击使断路器跳闸或高温过热、接触不良使接头部分熔断造成交流失压等。

7. 主变压器调挡异常事故

主变压器有多挡电压，可在无负载和有负载两种状态下调挡，实现电压等级切换。主变压器调挡异常是指主变压器切换开关在本应切换时无法切换，或在切换中途失败，或跳挡过程中出现滑挡问题。

8. 隔离开关异常事故

隔离开关是用于隔离电源、倒闸操作，用以连通和切断小电流电路的无灭弧功能的开关器件。隔离开关事故主要有：隔离开关触头过热；隔离开关绝缘子损坏或闪络；隔离开关拒分/拒合；隔离开关自动掉落合闸；隔离开关误拉/误合；隔离开关合闸不到位；隔离开关超过行程等。

9. 设备损坏事故

风电场变电站有多种较为复杂的设备，任何设备损坏都会给风电场造成一定损失。主要设备损坏事故包括隔离刀闸支柱绝缘子断裂、互感器爆炸损坏、过压保护器爆炸损坏、设备引线或连接线的断股或脱落等。

10. 差动保护动作跳闸事故

变压器差动保护是变压器的主保护，按照循环电流原理装设，用来保护双绕组或三绕组变压器绕组内部及其引出线上发生的各种相间短路故障，也用来保护变压器单相匝间短路故障。变压器差动保护反映了变压器内部相间短路故障、高压侧单相接地短路及匝间层间短路故障。对于运行中的变压器，如果差动保护动作引起断路器跳闸，原因主要有：变压器及套管引出线、各侧差动电流互感器以内的一次设备故障；保护二次回路误动作；差动电流互感器二次开路或短路；变压器内部故障等。

11. 重瓦斯保护动作掉闸事故

瓦斯保护是变压器内部故障的主保护，对变压器匝间和层间短路、铁心故障、套管内部故障、绕组内部断线及绝缘劣化和油面下降等故障均能灵敏动作。重瓦斯保护是当变压器内部发生严重故障时产生强烈的瓦斯气体，使油箱内压力瞬时突增，形成很大的油流向油枕方向冲击，而由于油流冲击挡板，挡板克服弹簧的阻力，带动磁铁向干簧触点方向移动，使水银触点闭合，接通跳闸回路使断路器跳闸。重瓦斯保护动作跳闸会造成变压器停止运行，破坏风电场电力输出的可靠性和连续性。

8.3.2　事故应急响应流程

风电场对于各类设备异常事故要予以高度重视，必须建立、健全一整套标准化的设备异常事故应急响应流程和处理方案（国家电力监管委员会，2009a，2009b）。本书作者整理了部分能源公司所属风电场的设备异常事故处理流程，供风电场运行和维护人员参考。

通常，风电场发生设备异常事故，现场人员要第一时间向风电场或上级管理部门的事故应急响应指挥部门汇报情况。应急指挥部门接到情况汇报后，按如下流程了解事故情况，做出判断和组织处理。该流程分为准备阶段、检查阶段、处理阶段和结束阶段等 4 个阶段。

1. 准备阶段

应急指挥部门接到现场情况汇报后，要从多个不同角度询问和了解事故发生的位置、现象以及严重程度，根据现场的实际情况做出预判，明确后续检查和处理的方向。应急指挥部门要立即启动应急预案，至少指派两名专人负责事故的处理。事故处理负责人要根据任务的内容，准备设备的图纸、说明书、施工工具、测试仪器、安全装备等必备物品，开具预制好的同类事故处理工作票，办理工作许可证明。在准备充分后，事故处理负责人要再次确保安全防护装备处于良好状态，即可前往现场进行处理。

2. 检查阶段

事故现场负责人达到事故现场后，根据现场情况部署现场设备摆放区域，确定检查内容、检查对象和检查流程。检查内容包括外观检查、电气检查以及理化检查等 3 种类型。检查对象包括设备本体结构、开关机构、二次回路、配电装置、保护装置、电源、接线、接地等。必要时，应对事故设备的温度、压力、绝缘、泄漏以及油样进行测试和检验。

3. 处理阶段

事故现场负责人根据检查结果，与应急指挥部门进行远程协同分析，确定事故的原因及应急处理方案。处理过程包括修复、更换和测试 3 类工作，机械、电气和线路方面事故应该优先修复，其他损坏、丢失、泄漏等问题可以更换新的备品、备件及油、液、气。处理完成之后，事故处理负责人要与中央监控室配合，完成就地和远程测试，测量设备的机械、电气的物理特性、响应特性及油、液、气的理化指标。如果设备恢复正常状态或正常值，则处理阶段完成。

图 8.7 为事故处理流程。

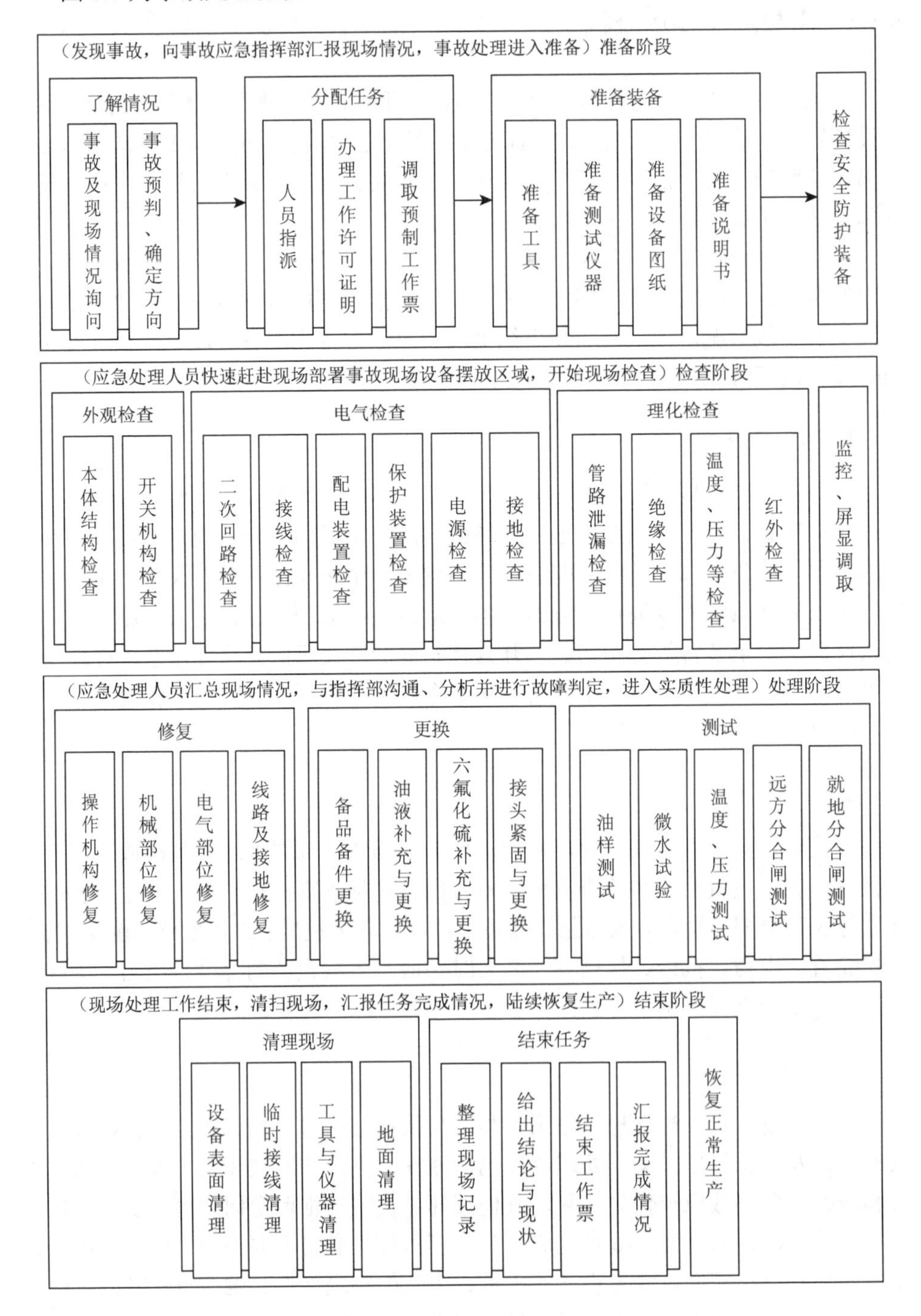

图 8.7　事故处理流程

4. 结束阶段

事故处理完成后，事故应急处理过程进入结束阶段。事故处理负责人应尽快组织人员对现场实施清理，包括清理设备的污渍和积存物，拆除临时接线，回收和清点所有工具和仪器，恢复现场整洁。任务结束之后，事故处理负责人应做好事故的相关记录，阐明事故现象、原因和处理过程，并向当值人员详细阐明事故处理结果以及设备当前状态，向应急指挥部门交付任务。待上述工作完成后，风电场恢复正常生产。

参 考 文 献

陈立伟，2018a. 风电场作业危险点辨识与预控措施[M]. 北京：中国电力出版社.
陈立伟，2018b. 风力发电企业典型事故案例分析[M]. 北京：中国电力出版社.
丁立新，2014. 风电场运行维护与管理[M]. 北京：机械工业出版社.
宫靖远，贺德馨，2004. 风电场工程技术手册[M]. 北京：机械工业出版社.
国家电力监管委员会，2009a. 电力企业专项应急预案编制导则[S]. 电监安全，2009 第 22 号.
国家电力监管委员会，2009b. 电力企业应急预案管理办法[S]. 电监安全，2009 第 61 号.
国家电网公司，2018. 国家电网公司电力安全工作规程 第 5 部分 风电场部分[S]. 北京：中国电力出版社.
韦恩·基尔柯林斯，2016. 风电场运维与风力发电机维护及保养[M]. 纪志帅，劳德洪，译. 北京：机械工业出版社.
刘靖，张润华，2015. 风电场运行维护与检修技术[M]. 北京：化学工业出版社.
马铁强，王士荣，2017. 增速型风力发电机组结构设计技术[M]. 北京：中国水利水电出版社.
庞渊，2015. 风电机组典型事故及预防措施分析[J]. 中国高新技术企业，29：123-125.
孙强，郑源，2016. 风电场运行与维护[M]. 北京：中国水利水电出版社.
王磊，高瑞贞，陈柳，等，2016. 风电系统故障诊断与容错控制[M]. 北京：科学出版社.
王明军，郭雅克，梅国刚，2016. 某风电场齿轮箱损坏及原因分析[J]. 东方汽轮机，4：70-74.
吴智泉，王政霞，2019. 智慧风电体系架构研究[J]. 分布式能源，2：5-15.
许昌，钟淋涓，2014. 风电场规划与设计[M]. 北京：中国水利水电出版社.
杨锡运，郭鹏，岳俊红，2015. 风电机组故障诊断技术[M]. 北京：中国水利水电出版社.
姚兴佳，单光坤，刘颖明，等，2019. 风电场工程[M]. 北京：科学出版社.
张劢，许蔚，尧波，等，2015. 风电场安全作业及安全工器具[M]. 北京：中国电力出版社.
中国国家标准化管理委员会，2011. 电力安全工作规程 发电厂与变电站电气部分：GB 26860—2011[S]. 北京：中国国家标准化管理委员会.
中国三峡新能源有限公司，2017. 风电场安全生产标准化[M]. 北京：中国水利水电出版社.
中华人民共和国国务院，2006. 国家防汛抗旱应急预案[EB/OL]. 新华社，www.gov.cn/zhuanti/2006-01/11/content_2615959.htm.
中华人民共和国国务院，2010. 中华人民共和国气象灾害预防条例[S]. 国务院令第 570 号.
朱凌志，张磊，王湘艳，等，2015. 基于一体化监控平台的风电场智能维护系统[J]. 宁夏电力，6：50-55.
朱永强，张旭，2010. 风电场电气系统[M]. 北京：机械工业出版社.

附录Ⅰ　风电场常用安全装备

附表1　风电场安全装备列表

名称	装备外形	概念和使用要求
绝缘杆与绝缘棒		绝缘杆用来接通或断开跌落保险开关、刀闸。绝缘棒用于安装和拆除临时接地线以及带电测量和试验等工作。绝缘杆、绝缘棒由工作部分、绝缘部分和握手部分组成。工作部分由金属或具有较高强度的绝缘材料制成，在满足工作需要情况下，长度一般为5～8mm，以免发生相间或接地短路。绝缘部分和握手部分由环氧树脂管制成，绝缘杆杆身要求光洁、无裂纹或损伤，长度根据工作需要、电压等级和使用场所而定 操作人在使用绝缘棒、绝缘杆时应戴绝缘手套，并注意场合和位置。操作人在使用前要检查绝缘棒、绝缘杆的试验合格标志和有效期，查看表面有无油、水、泥等污物；使用时，保证与相邻带电体保持安全距离和受力角度，避免触电和损坏。此外，操作人在雷雨天气要使用带防雨罩的绝缘杆。绝缘棒和绝缘杆为常用安全工具，要定期检查并做好检查记录
绝缘手套		绝缘手套是在高压电气设备上操作时使用的辅助安全工具，用于操作高压隔离开关、高压跌落开关和装拆接地线、在高压回路上验电，也是低压交直流回路上带电工作的基本用具。绝缘手套用特殊橡胶制成，试验耐压分为12kV和5kV两种，12kV绝缘手套可作为1kV以上电压的辅助安全工具及1kV以下电压的基本安全工具。5kV绝缘手套可作为1kV以下电压的辅助安全工具，在250V以下时作为基本用具 操作人在使用绝缘手套前要检查外观，禁止使用有损伤、磨损、破漏、划痕和砂眼漏气等的绝缘手套；使用时应避免抓拿表面尖利、带电刺的物品，不能接触油脂、溶剂等，避免破坏绝缘层；使用后应及时清理沾在手套表面的污物，将手套存放在干燥、阴凉、通风的地方，并倒置在指形支架或存放在专用的柜内
绝缘靴		绝缘靴使人体与地面保持绝缘，是高压操作时使用人用来与大地保持绝缘的辅助安全器具，可以作为防跨步电压的基本安全器具。绝缘靴在每次使用前应进行外部检查，表面应无损伤、磨损、破漏、划痕等，有破漏、砂眼的绝缘靴禁止使用。绝缘靴使用时不得接触油脂、溶剂等，并避免硬物划伤和刺破。绝缘靴不能与一般胶靴等同使用
高压验电器		高压验电器是检验正常情况下带高电压的部位是否有电的一种专用安全工器具。常用的高压验电器主要采用声光式验电器结构，由验电接触头、测试电路、电源、报警信号、试验开关等部分组成 声光验电器的验电接触头接触到被试部位后，被测试部分的电信号传送到测试电路，经测试电路判断，被测试部分有电时验电器发出声响和灯光闪烁信号报警，无电时没有任何信号指示。为检查指示器工作是否正常，设有一试验开关，按下后能发出声响和灯光信号，表示指示器工作正常

续表

名称	装备外形	概念和使用要求
高压验电器		高压验电时，应按被测设备的电压等级，选择同等电压等级的验电器。使用时要检查验电器的绝缘杆外观是否完好，在按下验电器头的试验按钮后保证声光指示正常(伸缩式绝缘杆要全部拉伸开检查)。操作人手握验电器护环以下的部位，逐渐靠近被测设备，一旦同时有声光指示，即表明该设备有电，否则设备无电。在已停电设备上验电前，应先在同一电压等级的有电设备上试验，检查验电器指示正常。使用后，应收缩验电器杆身，及时取下显示器，并将表面尘埃擦净后放入包装袋（盒），存放在干燥处
低压验电器		低压验电器又称为试电笔或电笔，其工作范围为100～500V，用氖管灯光点亮与否来判定被测电器或线路是否带电。低压验电器也可以用来区分火（相）线和地（中性）线。此外还可用它区分交流电、直流电，当氖管灯泡两极附近都发亮时，被测体带交流电，当氖管灯泡一个电极发亮时，被测体带直流电 低压验电器使用时，用一个手指触及笔杆上的金属部分，金属笔尖顶端接触被检查的测试部位，如果氖管发亮则表明测试部位带电，并且氖管越亮，说明电压越高。低压验电笔使用前要在确知有电的地方进行试验，以证明验电笔确实工作正常
安全带		安全带是风电场常用的高空作业人员预防高空坠落伤亡事故发生的防护用具，在风电机组上进行安装、检修、施工等作业时，为预防作业人员从高空坠落，必须使用安全带予以保护 安全带由护腰带、围杆带（绳）、金属挂钩和保险绳组成。保险绳是高空作业时必备的人身安全保护用品，通常与安全带配合使用。常用的保险绳有2m、3m、5m三种 每次使用前必须进行外观检查，禁止使用存在破损、伤痕、金属配件变形、裂纹、销扣失灵、保险绳断股等现象的安全带。安全带应高挂低用或水平栓挂。高挂低用就是将安全带的保险绳挂在操作人员上方位置。水平栓挂就是使用单腰带时，将安全带系在腰部，保险绳挂钩和安全带处于同一水平的位置，人和挂钩保持差不多等于绳长的距离 安全带上的各种附件不得任意拆除或不用，更换新保险绳时要有加强套，安全带的正常使用期限为3～5年，发现损伤应提前报废换新。安全带使用和保存时，应避免接触高温、明火和酸等腐蚀性物质，避免与坚硬、锐利的物体混放
安全帽		安全帽是风电场用来保护使用者头部或减缓外来物体冲击伤害的个人防护用品。安全帽由帽壳、帽衬、下颚带、吸汗带、通气孔等组成。头与帽顶的空间位置构成一个能量吸收系统，在受到冲击时，会使冲击力传递分布在头盖骨的整个面积上，减小打击力的压强，从而避免佩戴人员头部受到更大伤害。使用安全帽时，必须确保安全帽所有部件的完好无破损，并保证下颚带处于系紧状态，以防止工作过程中或外来物体打击时脱落。安全帽属于消耗品，每隔两年半进行破坏性试验，破损、有裂纹的安全帽应及时更换。安全帽包括玻璃钢安全帽和塑料安全帽两种，玻璃钢安全帽的正常使用寿命为4～5年，塑料安全帽的正常使用寿命最长不超过3年。风电机组安装、检修和巡视作业现场的人员，为防止工作时人员与工具器材及构架相互碰撞而头部受伤，或杆塔、构架上工作人员失落的工具、材料击伤地面人员，无论是高空作业人员还是配合人员都应戴安全帽

续表

名称	装备外形	概念和使用要求
接地线		接地线是风电场的防触电保护装置。风电场运行与维护人员对高压设备停电检修或有其他工作时，为了防止设备突然来电或邻近带电高压设备产生的感应电压对人员造成伤害，需要装设接地线。此外，停电设备上装设接地线还可以起到放尽剩余电荷的作用 风电场装设接地线时，必须先接地端，后挂导体端，且必须接触良好，拆接地线必须先拆导体端，后拆接地端。使用时，应保证接地线的线卡或线夹与导体接触良好，并有足够的夹紧力，以防通过短路电流时，由于接触不良而熔断或因电动力的作用而脱落。拆接地线必须由两人进行，装接地线之前必须验电，操作人要戴绝缘手套和使用绝缘杆
安全围栏		安全围栏主要用于限制和防止在电力场所特定范围内的活动，从而达到消除、减轻安全隐患的目的。安全围栏根据使用场所的不同而有围网、围栏以及警示带等种类。安全围网外观由轻型红白尼龙丝绳制造，一般搭配支架使用
卤素检漏仪	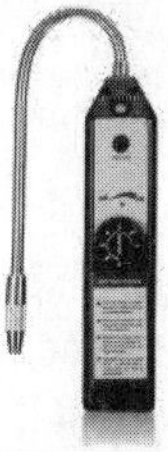	卤素检漏仪的核心部件是微处理机，采用的数字信号处理技术使它比操纵电路及传感器信号更好。此外，电路中使用的元件数量约减少 40%，从而提高了可靠性及其他性能。微处理机实时监视传感器和电池电压值，每秒钟可达 4000 次，能及时补偿即使是最微小变动的信号脉动。这使得该仪表在几乎一切环境的应用中，都是一种稳定而可靠的检测工具
SF_6气体微水测试仪	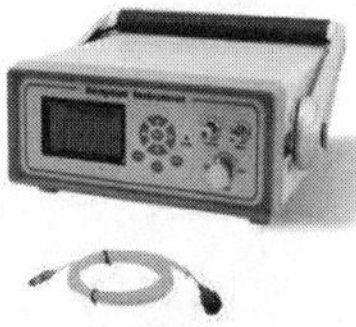	SF_6气体微水测试仪采用高精度湿度传感器，具有准确度高、重复性好、测试速度快、漂移小等优点。SF_6气体微水测试仪作为气体湿度精密检测的专用仪表，适用于变电站SF_6开关气体湿度的精密、快速检测
防毒面具		防毒面具是个人特种劳动保护用品，也是单兵防护用品，戴在头上，保护人的呼吸器官、眼睛和面部，防止毒气、粉尘、细菌、有毒有害气体或蒸汽等物质伤害的个人防护器材。防毒面具广泛应用于石油、化工、矿山、冶金、军事、消防、抢险救灾、卫生防疫和科技环保、机械制造等领域，以及在雾霾、光化学烟雾较严重的城市也能起到比较重要的个人呼吸系统保护作用。防毒面具从造型上可以分为全面具和半面具，全面具又分为正压式和负压式

续表

名称	装备外形	概念和使用要求
绝缘梯		绝缘梯多用于电力工程、电信工程、电气工程、水电工程等专用登高工具。绝缘梯的良好绝缘特点最大限度地保证了工人的生命安全。绝缘梯分为绝缘单梯、绝缘软梯、绝缘竹节梯、绝缘关节梯、绝缘单直梯、绝缘合梯、绝缘人字梯、绝缘升降梯（绝缘人字单升降梯、绝缘伸缩合梯、绝缘伸缩人字梯）、绝缘凳、绝缘踏步凳、绝缘高低凳、绝缘高凳、绝缘升降平台、全绝缘脚手架等

附录Ⅱ　风电场常用安全标识

附表 2　风电场常用安全标识

标识作用	标识图	使用场合
禁止合闸，有人工作！	禁止合闸	一经合闸即可送电到施工设备的断路器（开关）操作把手上
禁止合闸，线路有人工作！		线路断路器把手
禁止合闸，有人工作！	禁止合闸 有人工作	一经合闸即可送电到施工设备的隔离开关（刀闸）操作把手上
禁止合闸，线路有人工作！	线路有人工作 禁止合闸 NO SWITCHING ON!	线路隔离开关把手上
禁止操作，有人工作！	禁止操作 有人工作	安装于管道阀门或闸门
禁止烟火！	禁止烟火	35kV 配电装置室、SVG 室、材料库房、厂用配电室、继电保护室、二次设备预留室、维护工作间、中央控制室、工具间

续表

标识作用	标识图	使用场合
禁止带火种！	禁止带火种	箱变
禁止吸烟！		35kV 配电装置室、SVG 室、继电保护室、厂用配电室、二次设备预留室、维护工作间、材料库房、中央控制室、工具间
禁止攀登，高压危险！		主变压器的梯子上、避雷塔、线路铁塔、箱变
未经许可，不得入内！	未经许可 不得入内	厂区大门、变电站入口门栅栏、35kV 配电装置室、SVG 室、继电保护室、厂用配电室二次设备预留室、中央控制室
禁止使用无线通信！		继电保护室、二次设备预留室
禁止使用雨伞！	禁止使用雨伞	变电站入口门栅栏
注意安全！		厂区大门、变电站入口门栅栏、35kV 配电装置室
当心触电！		变电站入口门栅栏、变电站外围栏、35kV 配电装置室、SVG 室、继电保护室、厂用配电室、二次设备预留室、箱变

续表

标识作用	标识图	使用场合
当心腐蚀！		继电保护室
高压危险！		变电站入口门栅栏、变电站外围栏、35kV 配电装置室、箱变
当心烫伤！		食堂
戴安全帽！		厂区大门、变电站入口门栅栏、35kV 配电装置室、SVG 室、继电保护室、厂用配电室、二次设备预留室、消防泵房、取水泵房
注意通风！	注意通风	35kV 配电装置室、SVG 室、继电保护室、厂用配电室、二次设备预留室
穿绝缘鞋		变电站入口门栅栏、35kV 配电装置室、SVG 室、厂用配电室
在此工作！	在此工作	工作地点
从此上下！	从此上下	工作人员可以上下的铁架、爬梯

续表

标识作用	标识图	使用场合
从此进出！	 从此进出	户外工作地点围栏的出入口
重点防火部位！		变电站入口门栅栏、35kV 配电装置室、SVG 室、继电保护室、厂用配电室、二次设备预留室、维护工作间、材料库房、中央控制室、工具间
防小动物板		35kV 配电装置室、SVG 室、继电保护室、厂用配电室、二次设备预留室、材料库房、维护工作间、中央控制室、消防泵房、取水泵房
灭火器图标	 灭火器	灭火器箱正上方 200mm 处；灭火器箱盖上正中间粘贴适用范围贴
紧急逃生标志	 紧急出口 EXIT	各楼道、楼梯
限速标志	 10	入场道路
地线接地端标志		35kV 配电装置室、SVG 室、继电保护室、厂用配电室、二次设备预留室

附录Ⅲ　风电场倒闸操作票样例

附表 3　箱变 690V 送电操作（风机检修，只送低压）

下令时间：	调度指令　　　号	下令人：	受令人：
操作时间：　年　月　日　时　分		终了时间：　日　时　分	

任务	1 号箱变 690V 送电操作（风机检修，只送低压）
操作	1 号箱变低压侧 40012 开关送电操作（就地操作）

模拟 √	操作 √	顺序	操作项目	时	分
		1	检查 1 号箱变高压控制“就地/远方”转换开关在“就地”位置		
		2	拉开 1 号箱变高压侧 40011 负荷开关		
		3	检查 1 号箱变高压侧 40011 负荷开关在开位		
		4	检查 1 号箱变低压控制“就地/远方”转换开关在“就地”位置		
		5	拆除 1 号箱变低压侧 40012 开关出口处 1 号接地线一组		
		6	检查 1 号箱变低压侧 40012 开关出口处 1 号接地线确已拆除		
		7	检查 1 号箱变低压侧至风机电缆绝缘良好		
		8	检查 1 号箱变低压侧 40012 开关在开位		
		9	合上 1 号箱变高压侧 40011 负荷开关		
		10	检查 1 号箱变高压侧 40011 负荷开关在合位		
		11	合上 1 号箱变低压侧 40012 开关		
		12	检查 1 号箱变低压侧 40012 开关在合位		
		13	检查 1 号箱变 400V 各刀熔开关合闸良好		
		14	将 1 号箱变低压控制“就地/远方”转换开关切换至“远方”位置		
		15	将 1 号箱变高压控制“就地/远方”转换开关切换至“远方”位置		
		16	取下 1 号箱变低压侧 690V 开关处“禁止合闸，有人工作”警示牌		

备注：

操作人：　　　　　　　　监护人：　　　　　　　　值长：

附表 4　箱变 690V 停电操作（风机检修，只停低压）

下令时间：			调度指令　　号	下令人：	受令人：
操作时间：　年　月　日　时　分				终了时间：　日　时　分	
任务			1 号箱变 690V 停电操作（风机检修，只停低压）		
操作			1 号箱变低压侧 40012 开关停电操作（就地操作）		
模拟 √	操作 √	顺序	操作项目	时	分
		1	检查 1 号风机处于停止运行状态		
		2	将 1 号箱变低压控制“就地/远方”转换开关切换至“就地”位置		
		3	拉开 1 号箱变低压侧 40012 开关		
		4	检查 1 号箱变低压侧 40012 开关在开位		
		5	将 1 号箱变高压控制“就地/远方”转换开关切换至“就地”位置		
		6	拉开 1 号箱变高压侧 40011 负荷开关		
		7	检查 1 号箱变高压侧 40011 负荷开关在开位		
		8	在 1 号箱变低压侧 40012 开关出口三相分别验电且确无电压		
		9	在 1 号箱变低压侧 40012 开关出口装设 1 号接地线一组		
		10	合上 1 号箱变高压侧 40011 负荷开关		
		11	检查 1 号箱变高压侧 40011 负荷开关在合位		
		12	检查 1 号箱变 400V 各刀熔开关合闸良好		
		13	在 1 号箱变低压侧 690V 开关处悬挂“禁止合闸，有人工作”警示牌		
备注：					

操作人：　　　　监护人：　　　　值长：

附表 5　箱变送电操作（线路检修）

下令时间：			调度指令　　号	下令人：	受令人：
操作时间：　年　月　日　时　分				终了时间：　日　时　分	
任务			1 号箱变送电操作（线路检修）		
操作			1 号箱变送电操作（就地操作）		
模拟 √	操作 √	顺序	操作项目	时	分
		1	检查 1 号箱变低压侧 40012 开关在开位		
		2	检查 1 号箱变高压侧 40011 负荷开关在开位		
		3	合上 1 号箱变高压侧 40011 负荷开关控制电源空气开关		
		4	合上 1 号箱变高压侧 40011 负荷开关		
		5	检查 1 号箱变高压侧 40011 负荷开关在合位		
		6	检查 1 号箱变三相电压指示正常		

续表

下令时间：			调度指令　　号	下令人：	受令人：
操作时间：　年　月　日　时　分				终了时间：　日　时　分	
任务			1 号箱变送电操作（线路检修）		
操作			1 号箱变送电操作（就地操作）		
模拟√	操作√	顺序	操作项目	时	分
		7	在 1 号箱变低压侧 40012 开关出口三相分别验电且确无电压		
		8	合上 1 号箱变低压侧 40012 开关		
		9	检查 1 号箱变低压侧 40012 开关在合位		
		10	将 1 号箱变低压控制“就地/远方”转换开关切换至“远方”位置		
		11	将 1 号箱变高压控制“就地/远方”转换开关切换至“远方”位置		
		12	取下在 1 号箱变处“禁止合闸，线路有人工作”警示牌		
备注：					

操作人：　　　　监护人：　　　　值长：

附表 6　箱变停电操作（线路检修）

下令时间：			调度指令　　号	下令人：	受令人：
操作时间：　年　月　日　时　分				终了时间：　日　时　分	
任务			1 号箱变停电操作（线路检修）		
操作			1 号箱变停电操作（就地操作）		
模拟√	操作√	顺序	操作项目	时	分
		1	检查 1 号风机处于停止运行状态		
		2	将 1 号箱变低压控制“就地/远方”转换开关切换至在“就地”位置		
		3	拉开 1 号箱变低压侧 40012 开关		
		4	检查 1 号箱变低压侧 40012 开关在开位		
		5	将 1 号箱变高压控制“就地/远方”转换开关切换至“就地”位置		
		6	拉开 1 号箱变高压侧 40011 负荷开关		
		7	检查 1 号箱变高压侧 40011 负荷开关在开位		
		8	拉开 1 号箱变高压侧 40011 开关控制电源空气开关		
		9	在 1 号箱变处悬挂“禁止合闸，线路有人工作”警示牌		
备注：					

操作人：　　　　监护人：　　　　值长：

附表 7　箱变送电操作（箱变检修）

下令时间：			调度指令　　号	下令人：	受令人：
操作时间：　年　月　日　时　分				终了时间：　日　时　分	
任务			1 号箱变送电操作（箱变检修）		
操作			1 号箱变送电操作（就地操作）		
模拟 √	操作 √	顺序	操作项目	时	分
		1	检查 1 号箱变清洁无脏物，各部引线接触良好		
		2	检查 1 号箱变低压侧 40012 开关在开位		
		3	检查 1 号箱变高压侧 40011 负荷开关在开位		
		4	拆除 1 号箱变高压侧 40011 负荷开关入口 2 号接地线		
		5	拆除 1 号箱变低压侧 40012 开关出口 1 号接地线		
		6	检查 1 号箱变低压侧至风机电缆绝缘良好		
		7	检查 1 号箱变高压控制“就地/远方”转换开关在“就地”位置		
		8	合上 1 号箱变高压侧 40011 负荷开关控制电源空气开关		
		9	合上 1 号箱变高压侧 40011 负荷开关		
		10	检查 1 号箱变高压侧 40011 负荷开关在合位		
		11	检查 1 号箱变三相电压指示正常		
		12	检查 1 号箱变低压控制“就地/远方”转换开关在“就地”位置		
		13	合上 1 号箱变低压侧 40012 开关		
		14	检查 1 号箱变低压侧 40012 开关在合位		
		15	将 1 号箱变低压控制“就地/远方”转换开关切换至 “远方”位置		
		16	将 1 号箱变高压控制“就地/远方”转换开关切换至 “远方”位置		
		17	取下 1 号箱变处“禁止合闸，有人工作”警示牌		
备注：					

操作人：　　　　　　监护人：　　　　　　值长：

附表 8　箱变停电操作（箱变检修）

下令时间：			调度指令　　号	下令人：	受令人：
操作时间：　年　月　日　时　分				终了时间：　日　时　分	
任务			1 号箱变停电操作（箱变检修）		
操作			1 号箱变停电操作（就地操作）		
模拟 √	操作 √	顺序	操作项目	时	分
		1	检查 1 号风机处于停止运行状态		
		2	将 1 号箱变低压控制 “就地/远方”转换开关切换至“就地”位置		
		3	拉开 1 号箱变低压侧 40012 开关		

续表

下令时间：			调度指令　　号	下令人：	受令人：	
操作时间：　年　月　日　时　分				终了时间：　日　时　分		
任务			1号箱变停电操作（箱变检修）			
操作			1号箱变停电操作（就地操作）			
模拟√	操作√	顺序	操作项目		时	分
		4	检查1号箱变低压侧40012开关在开位			
		5	在1号箱变低压侧40012开关出口三相分别验电且确无电压			
		6	在1号箱变低压侧40012开关出口装设1号接地线一组			
		7	将1号箱变高压控制“就地/远方”转换开关切换至“就地”位置			
		8	拉开1号箱变高压侧40011负荷开关			
		9	检查1号箱变高压侧40011负荷开关在开位			
		10	拉开1号箱变高压侧40011负荷开关控制电源空气开关			
		11	对1号箱变高压侧40011负荷开关入口三相分别验电且确无电压			
		12	1号箱变高压侧40011负荷开关入口装设2号接地线一组			
		13	在1号箱变处悬挂“禁止合闸，有人工作”警示牌			
备注：						

操作人：　　　　监护人：　　　　值长：

附表9　35kV接地变送电操作

下令时间：			调度指令　　号	下令人：	受令人：	
操作时间：　年　月　日　时　分				终了时间：　日　时　分		
任务			35kV 1号接地变送电操作			
操作			35kV 1号接地变送电操作（就地操作）			
模拟√	操作√	顺序	操作项目		时	分
		1	已确认拆除1号接地变低压侧4号接地线一组			
		2	已确认1号接地变低压侧开关在开位			
		3	检查1号接地变高压侧313开关接地刀闸在合位			
		4	检查1号接地变高压侧313开关在开位			
		5	检查1号接地变高压侧313开关“远方/就地”转换开关在“就地”位置			
		6	合上1号接地变高压侧313开关控制直流电源空气开关			
		7	拉开1号接地变高压侧313开关接地刀闸			
		8	检查1号接地变高压侧313开关接地刀闸在开位			
		9	检查1号接地变绝缘良好			

续表

下令时间：			调度指令　　号	下令人：	受令人：
操作时间：　年　月　日　时　分				终了时间：　日　时　分	
任务			35kV 1 号接地变送电操作		
操作			35kV 1 号接地变送电操作（就地操作）		
模拟√	操作√	顺序	操作项目	时	分
		10	合上 1 号接地变高压侧 313 开关交流电源空气开关		
		11	将 1 号接地变高压侧 313 开关小车摇至工作位置		
		12	检查 1 号接地变高压侧 313 开关小车在工作位置		
		13	合上 1 号接地变高压侧 313 开关		
		14	检查 1 号接地变高压侧 313 开关在合位		
		15	将 1 号接地变高压侧 313 开关“远方/就地”转换开关切换至“远方”位置		
		16	取下 1 号接地变高压侧 313 开关处“禁止合闸，有人工作”警示牌		
		17	合上 1 号接地变低压侧开关		
		18	检查 1 号接地变低压开侧关合闸良好，站用 400V 已由农网切换至站用接地变供电		
备注：					

操作人：　　　　监护人：　　　　值长：

附表 10　35kV 接地变停电操作

下令时间：			调度指令　　号	下令人：	受令人：
操作时间：　年　月　日　时　分				终了时间：　日　时　分	
任务			35kV 1 号接地变停电操作		
操作			35kV 1 号接地变停电操作（就地操作）		
模拟√	操作√	顺序	操作项目	时	分
		1	已拉开 1 号接地变低压侧开关且已确认低压母线无电压		
		2	检查 1 号接地变高压侧 313 开关交流电源空气开关在合位		
		3	检查 1 号接地变高压侧 313 开关控制直流电源空气开关在合位		
		4	将 1 号接地变高压侧 313 开关“远方/就地”转换开关切换至“就地”位置		
		5	拉开 1 号接地变高压侧 313 开关		
		6	检查 1 号接地变高压侧 313 开关在开位		
		7	将 1 号接地变高压侧 313 开关小车摇至试验位置		
		8	检查 1 号接地变高压侧 313 开关小车在试验位置		
		9	在 1 号接地变高压侧 313 开关出口三相分别验电，且确无电压		
		10	合上 1 号接地变高压侧 313 开关接地刀闸		

续表

下令时间：			调度指令 号	下令人：	受令人：	
操作时间： 年 月 日 时 分				终了时间： 日 时 分		
任务			35kV 1 号接地变停电操作			
操作			35kV 1 号接地变停电操作（就地操作）			
模拟√	操作√	顺序	操作项目		时	分
		11	检查 1 号接地变高压侧 313 开关接地刀闸在合位			
		12	拉开 1 号接地变高压侧 313 开关控制直流电源空气开关			
		13	在 1 号接地变高压侧 313 开关处悬挂“禁止合闸，有人工作”警示牌			
		14	在 1 号接地变低压侧三相验电且确无电压			
		15	在 1 号接地变低压侧装设 4 号接地线一组			
备注：						

操作人： 监护人： 值长：

附表 11 主变及 35kV Ⅰ段母线送电操作

下令时间：			调度指令 号	下令人：	受令人：	
操作时间： 年 月 日 时 分				终了时间： 日 时 分		
任务			1 号主变及 35kV Ⅰ段母线送电操作			
操作			1 号主变及 35kV Ⅰ段母线送电操作（就地操作）			
模拟√	操作√	顺序	操作项目		时	分
		1	拆除现场所有临时安全措施			
		2	检查现场所有临时安全措施确已拆除			
		3	检查 1 号主变保护正确投入			
		4	检查 35kV Ⅰ段母线所带开关均在开位，开关小车均在试验位置并检查母线绝缘良好			
		5	检查 35kV Ⅰ段母线所有开关“就地/远方”转换开关均在“就地”位置			
		6	检查 1 号主变有载调压开关分接头在“9”挡位置			
		7	将 1 号主变中性点接地刀闸操作箱内“就地/远方”转换开关切换至“就地”位置			
		8	合上 1 号主变中性点接地刀闸			
		9	检查 1 号主变中性点接地刀闸在合位			
		10	检查 1 号主高压侧开关 2201 在开位			
		11	检查 1 号主高压侧甲刀闸 22011 在开位			
		12	检查 1 号主高压侧甲刀闸至开关间接地刀闸 220117 在合开位			

续表

下令时间：			调度指令　　号	下令人：	受令人：
操作时间：　年　月　日　时　分				终了时间：　日　时　分	
任务			1 号主变及 35kV Ⅰ段母线送电操作		
操作			1 号主变及 35kV Ⅰ段母线送电操作（就地操作）		
模拟√	操作√	顺序	操作项目	时	分
		13	检查 1 号主变汇控柜内“远方/就地”转换开关在“就地”位置		
		14	合上 1 号主变汇控柜内 DS/ES（刀闸）电机电源空气开关		
		15	合上 1 号主变汇控柜内 DS/ES（刀闸）控制电源空气开关		
		16	合上 1 号主变汇控柜内指示/报警电源空气开关		
		17	合上 1 号主变汇控柜内交流电源空气开关		
		18	拉开 1 号主高压侧甲刀闸至开关间接地刀闸 220117		
		19	检查 1 号主高压侧甲刀闸至开关间接地刀闸 220117 在开位		
		20	检查 1 号主变汇控柜内 CB（储能）电机电源空气开关在开位		
		21	将 1 号主变汇控柜内联锁“投入/短接”转换开关切换至“联锁投”位置		
		22	合上 1 号主高压侧甲刀闸 22011		
		23	检查 1 号主高压侧甲刀闸 22011 在合位		
		24	合上 1 号主变汇控柜内 CB（储能）电机电源空气开关		
		25	合上 1 号主高压侧开关 2201		
		26	检查 1 号主高压侧开关 2201 在合位		
		27	将 1 号主变汇控柜内 “就地/远方”转换开关切换至“远方”位置		
		28	取下 1 号主变汇控柜处 “禁止合闸，有人工作”警示牌		
		29	检查 35kV Ⅰ段母线 PT 小车二次侧空气开关在开位		
		30	插上 35kV Ⅰ段母线 PT 小车二次插件		
		31	将 35kV Ⅰ段母线 PT 小车摇至工作位置		
		32	检查 35kV Ⅰ段母线 PT 小车在工作位置		
		33	合上 35kV Ⅰ段母线 PT 小车二次侧空气开关		
		34	合上 1 号主变低压侧出线 311 开关控制直流电源空气开关		
		35	将 1 号主变低压侧出线 311 开关小车摇至工作位置		
		36	检查 1 号主变低压侧出线 311 开关小车在工作位置		
		37	合上 1 号主变低压侧出线 311 开关		
		38	检查 1 号主变低压侧出线 311 开关在合位		
		39	检查 35kV Ⅰ段母线电压互感器三相电压指示正常		

续表

下令时间：			调度指令　　　号	下令人：	受令人：	
操作时间：　年　月　日　时　分				终了时间：　日　时　分		
任务			1号主变及35kVⅠ段母线送电操作			
操作			1号主变及35kVⅠ段母线送电操作（就地操作）			
模拟√	操作√	顺序	操作项目		时	分
		40	将1号主变低压侧出线311开关柜“就地/远方”转换开关切换至“远方”位置			
		41	检查1号接地变低压侧开关在开位			
		42	拉开1号接地变313开关接地刀闸			
		43	检查1号接地变313开关接地刀闸在开位			
		44	合上1号接地变313开关控制直流电源空气开关			
		45	将1号接地变313开关小车摇至工作位置			
		46	检查1号接地变313开关小车在工作位置			
		47	合上1号接地变313开关			
		48	检查1号接地变313开关在合位			
		49	将1号接地变313开关“远方/就地”转换开关切换至“远方”位置			
		50	主变中性点运行方式按定值单要求执行			
备注：						

操作人：　　　　　监护人：　　　　　值长：

附表12　主变及35kVⅠ段母线停电操作

下令时间：			调度指令　　　号	下令人：	受令人：	
操作时间：　年　月　日　时　分				终了时间：　日　时　分		
任务			1号主变及35kVⅠ段母线停电操作			
操作			1号主变及35kVⅠ段母线停电操作（就地操作）			
模拟√	操作√	顺序	操作项目		时	分
		1	检查35kVⅠ段母线所带开关均在开位			
		2	检查35kVⅠ段母线各负荷开关“远方/就地”转换开关均在“就地”位置			
		3	拉开1号主变低压侧出线311开关			
		4	检查1号主变低压侧出线311开关在开位			
		5	将1号主变低压侧出线311开关小车摇至试验位置			
		6	检查1号主变低压侧出线311开关小车在试验位置			
		7	拉开1号主变低压侧出线311开关控制直流电源空气开关			
		8	在1号主变低压侧出线311开关处悬挂“禁止合闸，有人工作”警示牌			

续表

下令时间：		调度指令　　号	下令人：	受令人：	
操作时间：　年　月　日　时　分			终了时间：　日　时　分		
任务		1 号主变及 35kV Ⅰ段母线停电操作			
操作		1 号主变及 35kV Ⅰ段母线停电操作（就地操作）			
模拟√	操作√	顺序	操作项目	时	分
		9	将 1 号主变中性点接地刀闸操作箱内“就地/远方”转换开关切换至“就地”位置		
		10	合上 1 号主变中性点接地刀闸		
		11	检查 1 号主变中性点接地刀闸在合位		
		12	将 1 号主变汇控柜内 “远方/就地”转换开关切换至“就地”位置		
		13	拉开 1 号主变高压侧开关 2201		
		14	检查 1 号主变高压侧开关 2201 在开位		
		15	拉开 1 号主变汇控柜内 CB（储能）电机电源开关		
		16	拉开 1 号主变高压侧甲刀闸 22011		
		17	检查 1 号主变高压侧甲刀闸 22011 在开位		
		18	检查 1 号主变高压侧甲刀闸 22011 机械、电气指示在开位		
		19	合上 1 号主变高压侧甲刀闸至开关间接地刀闸 220117		
		20	检查 1 号主变高压侧甲刀闸至开关间接地刀闸 220117 在合位		
		21	拉开 1 号主变汇控柜内 DS/ES（刀闸）控制电源空气开关		
		22	拉开 1 号主变汇控柜内 DS/ES（刀闸）电机电源空气开关		
		23	在 1 号主变汇控柜处悬挂“禁止合闸，有人工作”警示牌		
备注：					

操作人：　　　　监护人：　　　　值长：

附表 13　集电线路 3101 开关送电操作

下令时间：		调度指令　　号	下令人：	受令人：	
操作时间：　年　月　日　时　分			终了时间：　日　时　分		
任务		35kV 1 号集电线路 3101 开关送电操作			
操作		35kV 1 号集电线路 3101 开关送电操作（就地操作）			
模拟√	操作√	顺序	操作项目	时	分
		1	拆除 1 号集电线路进线第一级塔 A01 上装设的一组编号为 1 号的接地线		
		2	检查 1 号集电线路进线第一级塔 A01 上装设的一组编号为 1 号的接地线已拆除		
		3	检查 1 号集电线路进线 3101 开关“就地/远方”转换开关在“就地”位置		
		4	拉开 1 号集电线路进线 3101 开关接地刀闸		
		5	检查 1 号集电线路进线 3101 开关接地刀闸在分位		

续表

下令时间：			调度指令　　　号	下令人：	受令人：
操作时间：　年　月　日　时　分				终了时间：　日　时　分	
任务			35kV 1 号集电线路 3101 开关送电操作		
操作			35kV 1 号集电线路 3101 开关送电操作（就地操作）		
模拟√	操作√	顺序	操作项目	时	分
		6	检查 1 号集电线路进线线路绝缘良好		
		7	检查 1 号集电线路进线 3101 开关在分位		
		8	检查 1 号集电线路进线 3101 开关小车在试验位置		
		9	合上 1 号集电线路进线 3101 开关控制直流电源空气开关		
		10	将 1 号集电线路进线 3101 开关小车摇至工作位置		
		11	检查 1 号集电线路进线 3101 开关小车摇至工作位置		
		12	合上 1 号集电线路进线 3101 开关		
		13	检查 1 号集电线路进线 3101 开关在合位		
		14	将 1 号集电线路进线 3101 开关“就地/远方”转换开关切换至“远方”位置		
		15	取下 1 号集电线路进线 3101 开关处“禁止合闸，有人工作”警示牌		
备注：					

操作人：　　　　监护人：　　　　值长：

附表 14　集电线路 3101 开关停电操作

下令时间：			调度指令　　　号	下令人：	受令人：
操作时间：　年　月　日　时　分				终了时间：　日　时　分	
任务			35kV 1 号集电线路 3101 开关停电操作		
操作			35kV 1 号集电线路 3101 开关停电操作（就地操作）		
模拟√	操作√	顺序	操作项目	时	分
		1	检查 1 号集电线路进线所带风机均在停止状态		
		2	将 1 号集电线路进线 3101 开关“就地/远方”转换开关切换至“就地”位置		
		3	拉开 1 号集电线路进线 3101 开关		
		4	检查 1 号集电线路进线 3101 开关在开位		
		5	将 1 号集电线路进线 3101 开关小车摇至试验位置		
		6	检查 1 号集电线路进线 3101 开关小车在试验位置		
		7	拉开 1 号集电线路进线 3101 开关控制直流电源空气开关		

续表

下令时间：			调度指令　　号	下令人：	受令人：
操作时间：　年　月　日　时　分				终了时间：　日　时　分	
任务			35kV 1 号集电线路 3101 开关停电操作		
操作			35kV 1 号集电线路 3101 开关停电操作（就地操作）		
模拟√	操作√	顺序	操作项目	时	分
		8	在 1 号集电线路进线电缆处三相验电且确无电压		
		9	合上 1 号集电线路进线 3101 开关接地刀闸 31017		
		10	检查 1 号集电线路进线 3101 开关接地刀闸 31017 确在合位		
		11	在 1 号集电线路进线 3101 开关处悬挂“禁止合闸，有人工作”警示牌		
		12	应在 1 号集电线路进线第一级塔 A01 上装设一组编号为 1 号接地线		
备注：					

操作人：　　　　监护人：　　　　值长：

附表 15　35kV 电容器组送电操作

下令时间：			调度指令　　号	下令人：	受令人：
操作时间：　年　月　日　时　分				终了时间：　日　时　分	
任务			35kV 电容器组送电操作		
操作			35kV 电容器组送电操作（就地操作）		
模拟√	操作√	顺序	操作项目	时	分
		1	检查电容器组 312 开关在开位		
		2	检查电容器组 312 开关在试验位置		
		3	拉开电容器组 FC1 支路接地刀闸		
		4	检查电容器组 FC1 支路接地刀闸在分位		
		5	拉开电容器组 FC2 支路接地刀闸		
		6	检查电容器组 FC2 支路接地刀闸在分位		
		7	合上电容器组 FC1 支路隔离开关		
		8	检查电容器组 FC1 支路隔离开关在合位		
		9	合上电容器组 FC2 支路隔离开关		
		10	检查电容器组 FC2 支路隔离开关在合位		
		11	合上电容器组 FC2 支路断路器		
		12	检查电容器组 FC2 支路断路器在合位		
		13	检查电容器组 312 开关“就地/远方”转换开关在“就地”位置		
		14	拉开电容器组 312 开关柜接地刀闸		

续表

下令时间：			调度指令　　号	下令人：		受令人：
操作时间：　年　月　日　时　分				终了时间：　日　时　分		
任务			35kV 电容器组送电操作			
操作			35kV 电容器组送电操作（就地操作）			
模拟√	操作√	顺序	操作项目		时	分
		15	检查电容器组 312 开关接地刀闸在开位			
		16	退出电容器组 312 开关柜上检修状态压板			
		17	退出电容器组 312 开关柜上投低电压保护压板			
		18	投入电容器组 312 开关柜上保护跳闸压板			
		19	合上电容器组 312 开关柜内控制直流空气开关			
		20	合上电容器组 312 开关柜内交流电源空气开关			
		21	检查电容器组 312 开关在开位			
		22	插上电容器组 312 开关二次插件			
		23	将电容器组 312 开关小车摇至工作位置			
		24	检查电容器组 312 开关小车在工作位置			
		25	合上电容器组 312 开关			
		26	检查电容器组 312 开关在合位			
		27	将电容器组 312 开关柜“就地/远方”转换开关切换至“远方”位置			
		28	取下在电容器组 312 开关处“禁止合闸，有人工作”警示牌			
备注：						

操作人：　　　　监护人：　　　　值长：

附表 16　35kV 电容器组停电操作（就地操作）

下令时间：			调度指令　　号	下令人：		受令人：
操作时间：　年　月　日　时　分				终了时间：　日　时　分		
任务			35kV 电容器组停电操作			
操作			35kV 电容器组停电操作（就地操作）			
模拟√	操作√	顺序	操作项目		时	分
		1	将电容器组 312 开关“就地/远方”转换开关切换至“就地”位置			
		2	拉开电容器组 312 开关			
		3	检查电容器组 312 开关在开位			
		4	将电容器组 312 开关小车摇至试验位置			
		5	检查电容器组 312 开关小车在试验位置			
		6	拔下电容器组 312 开关二次插件			
		7	拉开电容器组 312 开关柜内控制直流电源空气开关			
		8	拉开电容器组 312 开关柜内交流电源空气开关			

续表

下令时间：			调度指令　　　号	下令人：	受令人：
操作时间：　年　月　日　时　分				终了时间：　日　时　分	
任务			35kV 电容器组停电操作		
操作			35kV 电容器组停电操作（就地操作）		
模拟√	操作√	顺序	操作项目	时	分
		9	在电容器组 312 开关柜后电缆处验明三相确无电压		
		10	合上电容器组 312 开关接地刀闸		
		11	检查电容器组 312 开关接地刀闸在合位		
		12	在电容器组 312 开关处悬挂“禁止合闸，有人工作”警示牌		
		13	拉开 2 号电容器组 FC2 支路断路器		
		14	检查 2 号电容器组 FC2 支路断路器在开位		
		15	拉开 2 号电容器组 FC2 支路隔离开关		
		16	检查 2 号电容器组 FC2 支路隔离开关在开位		
		17	在 2 号电容器组 FC2 支路验明三相确无电压		
		18	合上 2 号电容器组 FC2 支路接地刀闸		
		19	检查 2 号电容器组 FC2 支路接地刀闸在合位		
		20	拉开 1 号电容器组 FC1 支路隔离开关		
		21	检查 1 号电容器组 FC1 支路隔离开关在开位		
		22	在 1 号电容器组 FC1 支路验明三相确无电压		
		23	合上 1 号电容器组 FC1 支路接地刀闸		
		24	检查 1 号电容器组 FC1 支路接地刀闸在合位		
备注：					

操作人：　　　　监护人：　　　　值长：

附表 17　35kV 动态无功补偿装置 SVG 送电操作

下令时间：			调度指令　　　号	下令人：	受令人：
操作时间：　年　月　日　时　分				终了时间：　日　时　分	
任务			35kV 动态无功补偿装置 SVG 送电操作		
操作			35kV 动态无功补偿装置 SVG 送电操作（就地操作）		
模拟√	操作√	顺序	操作项目	时	分
		1	将动态无功补偿装置 SVG 控制柜上转换开关切换至“高压合”位置		
		2	检查动态无功补偿装置 SVG 314 开关“就地/远方”转换开关在“就地”位置		
		3	拉开动态无功补偿装置 SVG 314 开关柜接地刀闸		
		4	检查动态无功补偿装置 SVG 314 开关柜接地刀闸在开位		
		5	退出动态无功补偿装置 SVG 314 开关柜上检修状态压板		

续表

下令时间：			调度指令　　　号	下令人：	受令人：	
操作时间：　年　月　日　时　分				终了时间：　日　时　分		
任务			35kV 动态无功补偿装置 SVG 送电操作			
操作			35kV 动态无功补偿装置 SVG 送电操作（就地操作）			
模拟√	操作√	顺序	操作项目		时	分
		6	退出动态无功补偿装置 SVG 314 开关柜上投 PT 检修压板			
		7	投入动态无功补偿装置 SVG 314 开关柜上投差动保护压板			
		8	投入动态无功补偿装置 SVG 314 开关柜上高压侧保护跳闸压板			
		9	合上动态无功补偿装置 SVG 314 开关柜内控制直流电源空气开关			
		10	合上动态无功补偿装置 SVG 314 开关柜内交流电源空气开关			
		11	插上动态无功补偿装置 SVG 314 开关二次插件			
		12	将动态无功补偿装置 SVG 314 开关小车摇至工作位置			
		13	检查动态无功补偿装置 SVG 314 开关小车在工作位置			
		14	合上动态无功补偿装置 SVG 314 开关			
		15	检查动态无功补偿装置 SVG 314 开关在合位			
		16	将动态无功补偿装置 SVG 314 开关“就地/远方”转换开关切换至“远方”位置			
		17	取下在动态无功补偿装置 SVG 314 开关处 “禁止合闸，有人工作”警示牌			
备注：						

操作人：　　　　　监护人：　　　　　值长：

附表 18　35kV 动态无功补偿装置 SVG 停电操作

下令时间：			调度指令　　　号	下令人：	受令人：	
操作时间：　年　月　日　时　分				终了时间：　日　时　分		
任务			35kV 动态无功补偿装置 SVG 停电操作			
操作			35kV 动态无功补偿装置 SVG 停电操作（就地操作）			
模拟√	操作√	顺序	操作项目		时	分
		1	将动态无功补偿装置 SVG 314 开关“就地/远方”转换开关切换至“就地”位置			
		2	拉开动态无功补偿装置 SVG 314 开关			
		3	检查动态无功补偿装置 SVG 314 开关确在开位			
		4	将动态无功补偿装置 SVG 314 开关小车摇至试验位置			
		5	检查动态无功补偿装置 SVG 314 开关小车在试验位置			

续表

下令时间：		调度指令　　号	下令人：	受令人：	
操作时间：　年　月　日　时　分			终了时间：　日　时　分		
任务			35kV 动态无功补偿装置 SVG 停电操作		
操作			35kV 动态无功补偿装置 SVG 停电操作（就地操作）		
模拟√	操作√	顺序	操作项目	时	分
		6	拔下动态无功补偿装置 SVG 314 开关二次插件		
		7	拉开动态无功补偿装置 SVG 314 开关柜内控制直流电源空气开关		
		8	拉开动态无功补偿装置 SVG 314 开关柜内交流电源空气开关		
		9	在动态无功补偿装置 SVG 314 开关柜后电缆处验明三相确无电压		
		10	合上动态无功补偿装置 SVG 314 开关接地刀闸		
		11	检查动态无功补偿装置 SVG 314 开关接地刀闸在合位		
		12	在动态无功补偿装置 SVG 314 开关处悬挂“禁止合闸，有人工作”警示牌		
		13	将动态无功补偿装置 SVG 控制柜上转换开关切换至“高压分”位置		
备注：					

操作人：　　　　监护人：　　　　值长：

附表 19　220kV 母线送电操作

下令时间：		调度指令　　号	下令人：	受令人：	
操作时间：　年　月　日　时　分			终了时间：　日　时　分		
任务			220kV 母线送电操作		
操作			220kV 母线送电操作（就地操作）		
模拟√	操作√	顺序	操作项目	时	分
		1	拆除现场所有安全措施		
		2	检查现场所有安全措施已拆除		
		3	检查 220kV 母线所有负荷开关及刀闸均在开位		
		4	检查 220kV 母线所有开关汇控柜内“就地/远方”转换开关均在“就地”位置		
		5	检查电东线开关 2216 在开位		
		6	检查电东线甲刀闸 22161 在开位		
		7	检查电东线乙刀闸 22166 在开位		
		8	合上电东线汇控柜内 DS/ES/FES（刀闸）控制电源空气开关		
		9	合上电东线汇控柜内 DS/ES/FES（刀闸）电机电源空气开关		
		10	合上电东线汇控柜内指示/报警电源空气开关		

续表

<table>
<tr><td colspan="3">下令时间：</td><td>调度指令　　　号</td><td colspan="2">下令人：　　受令人：</td></tr>
<tr><td colspan="4">操作时间：　年　　月　　日　　时　　分</td><td colspan="2">终了时间：　日　　时　　分</td></tr>
<tr><td colspan="3">任务</td><td colspan="3">220kV 母线送电操作</td></tr>
<tr><td colspan="3">操作</td><td colspan="3">220kV 母线送电操作（就地操作）</td></tr>
<tr><td>模拟
√</td><td>操作
√</td><td>顺序</td><td>操作项目</td><td>时</td><td>分</td></tr>
<tr><td></td><td></td><td>11</td><td>拉开电东线甲刀闸至开关间接地刀闸 221617</td><td></td><td></td></tr>
<tr><td></td><td></td><td>12</td><td>检查电东线甲刀闸至开关间接地刀闸 221617 在开位</td><td></td><td></td></tr>
<tr><td></td><td></td><td>13</td><td>拉开电东线乙刀闸至开关间接地刀闸 221667</td><td></td><td></td></tr>
<tr><td></td><td></td><td>14</td><td>检查电东线乙刀闸至开关间接地刀闸 221667 在开位</td><td></td><td></td></tr>
<tr><td></td><td></td><td>15</td><td>拉开电东线线路侧接地刀闸 2216617</td><td></td><td></td></tr>
<tr><td></td><td></td><td>16</td><td>检查电东线线路侧接地刀闸 2216617 在开位</td><td></td><td></td></tr>
<tr><td></td><td></td><td>17</td><td>合上 220kV 母线 PT 汇控柜内 DS/ES（刀闸）控制电源空气开关</td><td></td><td></td></tr>
<tr><td></td><td></td><td>18</td><td>合上 220kV 母线 PT 汇控柜内 DS/ES（刀闸）电机电源空气开关</td><td></td><td></td></tr>
<tr><td></td><td></td><td>19</td><td>合上 220kV 母线 PT 汇控柜内指示/报警电源空气开关</td><td></td><td></td></tr>
<tr><td></td><td></td><td>20</td><td>拉开 220kV 母线接地刀闸 22007</td><td></td><td></td></tr>
<tr><td></td><td></td><td>21</td><td>检查 220kV 母线接地刀闸 22007 在开位</td><td></td><td></td></tr>
<tr><td></td><td></td><td>22</td><td>拉开 220kV 母线 PT 接地刀闸 220017</td><td></td><td></td></tr>
<tr><td></td><td></td><td>23</td><td>检查 220kV 母线 PT 接地刀闸 220017 在开位</td><td></td><td></td></tr>
<tr><td></td><td></td><td>24</td><td>将 220kV 母线 PT 汇控柜内联锁“投入/短接”转换开关切换至“联锁投”位置</td><td></td><td></td></tr>
<tr><td></td><td></td><td>25</td><td>合上 220kV 母线 PT 刀闸 2200</td><td></td><td></td></tr>
<tr><td></td><td></td><td>26</td><td>检查 220kV 母线 PT 刀闸 2200 在合位</td><td></td><td></td></tr>
<tr><td></td><td></td><td>27</td><td>将 220kV 母线 PT 汇控柜内就地/远方”转换开关至“远方”位置</td><td></td><td></td></tr>
<tr><td></td><td></td><td>28</td><td>取下 220kV 母线 PT 汇控柜处“禁止合闸，有人工作”警示牌</td><td></td><td></td></tr>
<tr><td></td><td></td><td>29</td><td>检查电东线汇控柜内 CB（储能）电机电源空气开关在开位</td><td></td><td></td></tr>
<tr><td></td><td></td><td>30</td><td>将电东线汇控柜内联锁“投入/短接”转换开关切换至“联锁投”位置</td><td></td><td></td></tr>
<tr><td></td><td></td><td>31</td><td>合上电东线乙刀闸 22166</td><td></td><td></td></tr>
<tr><td></td><td></td><td>32</td><td>检查电东线乙刀闸 22166 在合位</td><td></td><td></td></tr>
<tr><td></td><td></td><td>33</td><td>合上电东线甲刀闸 22161</td><td></td><td></td></tr>
<tr><td></td><td></td><td>34</td><td>检查电东线甲刀闸 22161 在合位</td><td></td><td></td></tr>
<tr><td></td><td></td><td>35</td><td>合上电东线汇控柜内 CB（储能）电机电源空气开关</td><td></td><td></td></tr>
<tr><td></td><td></td><td>36</td><td>合上电东线开关 2216</td><td></td><td></td></tr>
<tr><td></td><td></td><td>37</td><td>检查电东线开关 2216 在合位</td><td></td><td></td></tr>
</table>

续表

下令时间：			调度指令　　　号	下令人：	受令人：	
操作时间：　年　月　日　时　分				终了时间：　日　时　分		
任务			220kV 母线送电操作			
操作			220kV 母线送电操作（就地操作）			
模拟√	操作√	顺序	操作项目		时	分
		38	将电东线汇控柜内“就地/远方”转换开关切换至“远方”位置			
		39	检查 220kV 母线三相电压指示正常			
		40	取下电东线汇控柜处“禁止合闸，有人工作”警示牌			
备注：						

操作人：　　　　监护人：　　　　值长：

附表 20　220kV 母线停电操作

下令时间：			调度指令　　　号	下令人：	受令人：	
操作时间：　年　月　日　时　分				终了时间：　日　时　分		
任务			220kV 母线停电操作			
操作			220kV 母线停电操作（就地操作）			
模拟√	操作√	顺序	操作项目		时	分
		1	检查 220kV 所有负荷开关及刀闸均在开位			
		2	检查 1 号主变汇控柜“远方/就地”转换开关均在“就地”位置			
		3	将电东线汇控柜内“远方/就地”转换开关切换至“就地”位置			
		4	检查电东线汇控柜内连锁“投入/短接”转换开关在“联锁投”位置			
		5	拉开电东线开关 2216			
		6	检查电东线开关 2216 在开位			
		7	拉开电东线汇控柜内 CB（储能）电机电源空气开关			
		8	拉开电东线甲刀闸 22161			
		9	检查电东线甲刀闸 22161 在开位			
		10	拉开电东线乙刀闸 22166			
		11	检查电东线乙刀闸 22166 在开位			
		12	将 220kV 母线 PT 汇控柜的“远方/就地”转换开关切换至“就地”位置			
		13	检查 220kV 母线 PT 汇控柜内联锁“投入/短接”转换开关在“联锁投”位置			
		14	拉开 220kV 母线 PT 刀闸 2200			
		15	检查 220kV 母线 PT 刀闸 2200 在开位			

续表

<table>
<tr><td colspan="3">下令时间：</td><td>调度指令 号</td><td colspan="3">下令人： 受令人：</td></tr>
<tr><td colspan="4">操作时间： 年 月 日 时 分</td><td colspan="3">终了时间： 日 时 分</td></tr>
<tr><td colspan="3">任务</td><td colspan="4">220kV 母线停电操作</td></tr>
<tr><td colspan="3">操作</td><td colspan="4">220kV 母线停电操作（就地操作）</td></tr>
<tr><td>模拟
√</td><td>操作
√</td><td>顺序</td><td>操作项目</td><td>时</td><td>分</td></tr>
<tr><td></td><td></td><td>16</td><td>检查电东线甲刀闸 22161 机械、电气指示在开位</td><td></td><td></td></tr>
<tr><td></td><td></td><td>17</td><td>合上电东线甲刀闸至开关间接地刀闸 221617</td><td></td><td></td></tr>
<tr><td></td><td></td><td>18</td><td>检查电东线甲刀闸至开关间接地刀闸 221617 在合位</td><td></td><td></td></tr>
<tr><td></td><td></td><td>19</td><td>检查电东线乙刀闸 22166 机械、电气指示在开位</td><td></td><td></td></tr>
<tr><td></td><td></td><td>20</td><td>合上电东线乙刀闸至开关间接地刀闸 221667</td><td></td><td></td></tr>
<tr><td></td><td></td><td>21</td><td>检查电东线乙刀闸至开关间接地刀闸 221667 在合位</td><td></td><td></td></tr>
<tr><td></td><td></td><td>22</td><td>拉开电东线汇控柜内 DS/ES/FES（刀闸）电机电源空气开关</td><td></td><td></td></tr>
<tr><td></td><td></td><td>23</td><td>拉开电东线汇控柜内 DS/ES/FES（刀闸）控制电源空气开关</td><td></td><td></td></tr>
<tr><td></td><td></td><td>24</td><td>在电东线汇控柜门处悬挂“禁止合闸，有人工作”警示牌</td><td></td><td></td></tr>
<tr><td></td><td></td><td>25</td><td>检查 220kV 母线 PT 刀闸 2200 机械、电气指示在开位</td><td></td><td></td></tr>
<tr><td></td><td></td><td>26</td><td>合上 220kV 母线 PT 接地刀闸 220017</td><td></td><td></td></tr>
<tr><td></td><td></td><td>27</td><td>检查 220kV 母线 PT 接地刀闸 220017 在合位</td><td></td><td></td></tr>
<tr><td></td><td></td><td>28</td><td>检查 220kV 母线所有开关及刀闸机械、电气指示在开位</td><td></td><td></td></tr>
<tr><td></td><td></td><td>29</td><td>合上 220kV 母线接地刀闸 22007</td><td></td><td></td></tr>
<tr><td></td><td></td><td>30</td><td>检查 220kV 母线接地刀闸 22007 在合位</td><td></td><td></td></tr>
<tr><td></td><td></td><td>31</td><td>拉开 220kV 母线 PT 汇控柜内 DS/ES（刀闸）电机电源空气开关</td><td></td><td></td></tr>
<tr><td></td><td></td><td>32</td><td>拉开 220kV 母线 PT 汇控柜内 DS/ES（刀闸）控制电源空气开关</td><td></td><td></td></tr>
<tr><td></td><td></td><td>33</td><td>在 220kV 母线 PT 汇控柜门处悬挂“禁止合闸，有人工作”警示牌</td><td></td><td></td></tr>
<tr><td colspan="6">备注：</td></tr>
</table>

操作人： 监护人： 值长：